インターネット望遠鏡で観測！現代天文学入門

慶應義塾大学
インターネット望遠鏡プロジェクト 編

森北出版株式会社

● 本書のサポート情報を当社 Web サイトに掲載する場合があります．下記の URL にアクセスし，サポートの案内をご覧ください．

http://www.morikita.co.jp/support/

● 本書の内容に関するご質問は，森北出版 出版部「（書名を明記）」係宛に書面にて，もしくは下記の e-mail アドレスまでお願いします．なお，電話でのご質問には応じかねますので，あらかじめご了承ください．

editor@morikita.co.jp

● 本書により得られた情報の使用から生じるいかなる損害についても，当社および本書の著者は責任を負わないものとします．

■ 本書に記載している製品名，商標および登録商標は，各権利者に帰属します．

■ 本書を無断で複写複製（電子化を含む）することは，著作権法上での例外を除き，禁じられています．複写される場合は，そのつど事前に（社）出版者著作権管理機構（電話 03-3513-6969，FAX 03-3513-6979，e-mail：info@jcopy.or.jp）の許諾を得てください．また本書を代行業者等の第三者に依頼してスキャンやデジタル化することは，たとえ個人や家庭内での利用であっても一切認められておりません．

はじめに

　パソコン・タブレット・スマートフォンから，インターネットを利用して海外にある望遠鏡を操作し，昼間に星空観察をする．こんな素敵なことができることをご存知だろうか．少し前まではSFの世界であったことが，コンピュータとインターネットの進歩により実現可能となった．そして，この夢を可能とするのがインターネット望遠鏡である．

　インターネット望遠鏡とは，遠隔地に設置された望遠鏡をインターネット経由でコントロールし，さまざまな天体を観測するための装置とシステムのことである．慶應義塾大学インターネット望遠鏡プロジェクトでは，（株）五藤光学研究所と共同で2003年1月からインターネット望遠鏡の開発を進め，同年11月より運用を開始している．

　小・中・高等学校では，昼間の授業時間に夜空の天体を観測することは困難であることから，天体観測を伴った天文学の教育を受けた読者は少数だろう．また，望遠鏡を購入してもその操作に慣れるのは少し難しいこと，さらに，望遠鏡を持参して夜間の山の上まで出かけることは困難な場合もあることなどから，天体観測をやってみたくてもできない人も多い．しかし，インターネット望遠鏡ネットワークを利用すると，初心者でも実際の夜空を観察して美しい天体の画像を撮ることも，また天文学の重要な知見を自分の取ったデータで確かめることもできる．天体観測をすることで，天文学の楽しさを身近に感じてもらうための手引書，これが本書の第一の目的である．

　本書は現代天文学の入門書でもある．そのため，大学の教養課程や市民講座での現代天文学の教科書，高校地学の天文分野の教育用テキストとして利用することも可能である．本書で紹介したインターネット望遠鏡の利用事例は，われわれのこれまでの活動に基づいたものである．そのため，高校生の課外活動テーマを探している教員の方にとっても，本書はとても役立つだろう．観測を大切にした現代天文学の入門的教科書としての役割，これが本書の第二の目的である．

　本書は2部構成をなしている．Part Iは天文学の入門部であり，現代天文学の基本的な事項に関して説明している．Part IIでは，Part Iの内容に関連した観測テーマを取り上げ，そのテーマに実際に取り組むための方法（手順を含めて）と，参考のために観測例を紹介している．Part Iを読みながらPart IIで紹介されている観測テーマに挑戦し，自分で観測して得たデータに基づいて天文学の基本的な関係を確かめてみることは，天文学の神髄に触れるための手助けとなるだろう．

天文学の入門書または解説書はこれまでに数多く刊行され，そのなかにはこれまで蓄積されてきた天文学の知見について，優れた解説がなされているものも多い．しかし，本書のように天文学の基礎に関して，自分自身で観測することで，その意味するところを問い直してもらうことを意図して執筆されたものは少ない．本書はその意味で，特色ある天文学の入門書であるといえる．

　最後になるが，本書は慶應義塾大学インターネット望遠鏡プロジェクトメンバーの有志（上田晴彦[*1]・表 實・迫田誠治・瀬々将吏・戸田晃一・松本榮次・山本裕樹・吉田 宏）が，それぞれの観測体験に基づいて分担執筆した原稿をまとめてでき上がったものである．自宅や教室内で天体観測しながら天文学を学べるという特色をもった本書を利用し，天文学の魅力を堪能されることを心から願っている．

2015 年 11 月
　　　　　　　慶應義塾大学インターネット望遠鏡プロジェクトメンバー 一同

[*1] 執筆者代表

目次

Part I 天文学入門　★★★★★★★★★★★★　1

1章　天文学 ―「天」からの「文」を読む「学」問― 　2
- 1.1　天体の観測　2
  - ★ 文の種類　2
  - ★ 天からの文を読み解く能力の進化　4
  - ★ 雲は取り払われた　5
- 1.2　インターネット望遠鏡プロジェクト　5
  - ★ 慶應義塾大学インターネット望遠鏡ネットワーク　5
  - ★ インターネット望遠鏡へのアクセスとその機能　7
  - ★ インターネット望遠鏡が切り開く天体観測の新しい可能性　10

2章　天体としての地球　11
- 2.1　地球の構造とその自転・公転　11
  - ★ 地球の構造と大きさ・質量　11
  - ★ 地球の自転と公転　13
  - ★ 地球の自転と公転：続き　15
- 2.2　地球から見た太陽の動き　17
  - ★ 日影曲線　18
  - ★ 均時差とアナレンマ　19
  - ★ 日影曲線の観測　20
- 2.3　地球と生命　20

3章　月 ― 地球の唯一の衛星 ―　22
- 3.1　月の基本的なことがら　22
- 3.2　月の公転に関するさまざまな周期　23

4章　太陽系　27
- 4.1　太陽系内の惑星　27
- 4.2　惑星の運動に関するケプラーの法則　31
- 4.3　準惑星と小惑星および太陽系外縁天体　34
  - ★ 準惑星　34
  - ★ 小惑星・太陽系外縁天体　35

4.4	彗星	36
4.5	「ミニ太陽系」としてのガリレオ衛星系	38
	★ ガリレオ衛星	39
	★ 木星とガリレオ衛星がつくるミニ太陽系	41

5章　太陽 ― 地球生命の母なる天体 ― 　43

5.1	太陽までの距離と太陽質量	43
	★ 太陽までの距離	43
	★ 太陽質量	45
5.2	太陽の構造	46
5.3	太陽のエネルギー源	50
5.4	太陽の観察	53
5.5	太陽と地球環境	54
5.6	日食	55

6章　いろいろな恒星とその進化　57

6.1	星座	57
6.2	天体の位置を表す座標系 ― 地平座標と赤道座標 ―	59
	★ 地平座標系	59
	★ 赤道座標系	60
	★ 黄道と春分点	61
6.3	恒星の明るさと距離	62
	★ 恒星の明るさ	62
	★ 恒星までの距離の測り方	64
	★ 恒星までの距離測定の標準光源	66
6.4	恒星の色と表面温度	67
	★ ウィーンの変位則	67
	★ ステファン・ボルツマンの法則	67
6.5	恒星のHR図と質量・光度関係	68
	★ スペクトル型とHR図	68
	★ 恒星の質量・光度関係	69
	★ 恒星の進化とその終末	70
6.6	恒星の誕生	72

7章　星雲・星団・銀河・宇宙　74

7.1	非恒星状天体	74
7.2	星雲	76

	★ 散光星雲	76
	★ 惑星状星雲と超新星の残骸	77
7.3	星団	78
	★ 散開星団	78
	★ 球状星団	79
7.4	銀河	80
	★ 天の川銀河	80
	★ 天の川銀河を超えて	81
7.5	宇宙の膨張と進化	83
	★ 宇宙の膨張	83
	★ 宇宙内部状態の進化	85
	★ 最近の研究成果と残された課題	87
7.6	宇宙からみた地球と人間存在の位置づけ	89

Part II　天体観測の魅力　★★★★★★★★★★★★★　91

観測A　日影曲線の観測　92
- A.1　日影曲線観測の方法　92
- A.2　日影曲線の観測例　94
  - ★ 長野県立科町での観測データ　94
  - ★ 観測結果の考察　96

観測B　月の観測　97
- B.1　インターネット望遠鏡による月の観測　99
- B.2　月までの距離の時間変化の観測　100
- B.3　月の満ち欠けによる輝面比の時間変化の観測　102
- B.4　近点月と朔望月の測定手順　105
- B.5　周期測定の例　105
  - ★ 観測データ　105
  - ★ 観測データの解析　106
  - ★ 最適曲線の求め方　108
  - ★ 観測結果の考察　110

観測C　彗星の観測　111
- C.1　彗星の明るさ　111
- C.2　彗星の明るさ測定の方法　112
- C.3　パンスターズ彗星の測光例　114

観測D　ガリレオ衛星の観測　**116**

- D.1　ガリレオ衛星系とケプラーの第3法則 …………………………… 117
- D.2　ガリレオ衛星の観測手順 …………………………………………… 120
- D.3　ガリレオ衛星の観測例 ……………………………………………… 122
- D.4　ガリレオ衛星解析ツールを利用した解析例 ……………………… 123
  - ★ 公転軌道半径と公転周期の測定結果 …………………………… 123
  - ★ ケプラーの第3法則の検証 ……………………………………… 124
  - ★ 木星の質量を求め方 ……………………………………………… 125
  - ★ 観測結果の考察 …………………………………………………… 125

観測E　太陽の観測　**127**

- E.1　太陽望遠鏡を用いた太陽観測 ……………………………………… 127
- E.2　プロミネンス観測の例 ……………………………………………… 129
  - ★ プロミネンスの画像観察 ………………………………………… 129
  - ★ プロミネンス時間変化の観測 …………………………………… 130

観測F　地上の2地点での同時天体観測　**132**

- F.1　三角法による天体までの距離測定の考え方 ……………………… 132
- F.2　月までの距離測定の方法と観測例 ………………………………… 133
  - ★ 月までの距離測定の考え方 ……………………………………… 133
  - ★ 月までの距離測定の例 …………………………………………… 133

観測G　変光星と超新星の光度測定　**137**

- G.1　変光星の光度測定 …………………………………………………… 137
  - ★ 規則的に変光するもの …………………………………………… 137
  - ★ 不規則・突発的に変光するもの ………………………………… 138
- G.2　変光星の測光例 ……………………………………………………… 139
  - ★ 光度の求め方 ……………………………………………………… 139
  - ★ セファイド変光星 RW Cas の測光例 …………………………… 140
- G.3　超新星の測光例 ……………………………………………………… 143

付　録 …………………………………………………………………………… 145
あとがき ………………………………………………………………………… 148
さくいん ………………………………………………………………………… 149

Part I
天文学入門

　Part Iでは，天文学の基礎について学ぶ．天文学は長い歴史をもつ学問であり，その間に獲得された知見は非常に大きい．その意味では，天文学はもっとも古い歴史をもつ自然科学であると言えるだろう．その反面，歴史の長さゆえにすでに古くなった科学であると思う人がいるかもしれないが，それは完全に間違った考えである．天文学はここ100年ほどで急速に発展した分野であると同時に，現在も新しい知見がつぎつぎと獲得されつつあるという意味で，もっとも活発に研究が進められている分野である．また，新しい観測事実の発見により，解明されるべき多くの謎を抱えた魅力ある科学の分野でもある．

　天文学は自然科学の一分野であると同時に，暦の発明などとも関連して社会科学的にも重要な役割を果たしてきた．また，自然科学・社会科学・哲学・文学など幅広い分野にかかわる学問分野でもある．天動説から地動説への転換や，宇宙が永遠不滅の存在ではなく，その大きさ・構造が時間の経過とともに変化していることの発見は，天文学が人類の考え方に大きな影響を及ぼした例の代表的なものといえる．このように，古い歴史をもつだけでなく多様な側面ももっていることから，天文学を学ぶにはさまざまな観点からの考察が求められる．

　1章では，慶應義塾大学インターネット望遠鏡ネットワークを紹介する．2章以降では，人類にとってもっとも身近な天体である地球から始めて順に遠くの天体について調べることで，宇宙のさまざまな構造について理解すると同時に，宇宙の大きさを認識することで，その宇宙における地球の位置づけを問い直すことをめざす．最後に，現在残されている謎に関して，それがなぜ謎であるかを問いかけて，Part Iを終えることにしたい．

1章 天文学 ―「天」からの「文」を読む「学」問 ―

　天文学は，天からの文を読む学問である．このとき，「文」とは天体からの情報を運ぶものであり，その「文」に書かれている情報を読み解くことで，さまざまな天体とそれらの天体から構成される宇宙の構造を解明するのが天文学である．20世紀になって，天から届く「文」の種類が増えたこと，そしてそこに書かれている多様な情報を読み解く能力が進歩したことで，天文学はここ100年近くで急速に進展した．

1.1　天体の観測

　有史以来「もしも毎日が曇り空だったら」，人類が長い年月をかけて獲得してきた多くの文化的・科学的知見のなかから，何が失われていただろうか？　毎日が曇り空だったら，人類は美しい夜空の存在を認識することはなく，夜空を舞台にした神話などの文学作品がつくられることもなく，また，天体の動きを探ることから生まれた暦や天文学の誕生もなかっただろう．これは仮想的な状況を考えた問いであるが，人類は近年まで以下に挙げる二重の意味で，天体を観測するにあたってそれに近い状況に置かれていたといえる．
1. 観測可能な情報（文の種類）が限られていた
2. 情報を解読する能力（読解力）が未熟であった

この二つの状況を理解するために，天体観測とは何かについて考えてみよう．

★ 文の種類

　天体の観測は，天体から送られてくる情報を受信し，得られた情報の意味を理解することである．古くから，晴れた日の日中は太陽からの光を，また，夜になればいろいろな明るさとさまざまな色で輝く星々からの光を見て，これらの天体の存在を知り，その美しさに魅せられてきた．その一方では，長期にわたる辛抱強い観測から，天体が多様な動きをすること，そしてその動きにはある種の秩序があることを発見した．天文学の誕生である．このとき，天体からの情報を運ぶ「文」は，太陽や星々から送

られてくる光（これを**可視光線**という）であった．

いまから100年近く前の1920年代に入って，**電波**の測定技術が進歩したことにより，宇宙から送られてくる電波がとらえられるようになった．その結果，さまざまな天体から送られてくる電波を受信し，それらの電波を解析することで，電波を放出する天体の構造を探る天文学の新しい分野が誕生した．このとき，天体からの情報を運ぶものは電波なので，天文学のこの分野を**電波天文学**，天体からの電波を受信する装置を**電波望遠鏡**とよぶ．これに対して，天体からの光を観測する従来の天文学を**光学天文学**，天体からの光を受信する装置を**光学望遠鏡**とよぶ．

電波天文学が明らかにしたことは，光学望遠鏡で見た天体以外にも，宇宙にはさまざまな天体が存在することである．これは，可視光線をほとんど放出しないが，電波を強く放出する天体の存在を意味している．電波天文学によって解明された重要な成果としては，**パルサー**（周期的にパルス状の電波を放出する天体）の発見，**宇宙背景放射**（宇宙内部の状態が進化していることを示す事実）の存在確認などがある（パルサーと宇宙背景放射に関しては，それぞれ6.5, 7.5節で述べる）．

19世紀の物理学が明らかにした重要な成果の一つに，光や電波は**電磁波**の一部であり，そのほかにも，**赤外線・紫外線・エックス線（X線）・ガンマ線（γ線）**など，さまざまな波長をもつ電磁波が存在することを示したことがある．これは光や電磁波以外にも，天体から届く新しい種類の「文」も存在することを予想させる．赤外線・紫外線・X線・γ線などの「文」を解読する新しい天文学の誕生により，人類がまだ触れたことのない宇宙の構造の発見に繋がることが期待される．図1.1は，電磁波の種類と波長の関係を表したものである．

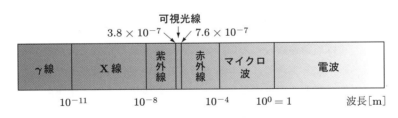

図 1.1　電磁波の種類と波長

しかし，これらの電磁波の大部分は，大気中で散乱または吸収されるために，地上には届かない．そのため，新分野の天文学の誕生には，それらの電磁波を受信する装置（**赤外線望遠鏡・紫外線望遠鏡・X線望遠鏡・γ線望遠鏡**）を，大気圏外に設置する必要がある．新しい分野の天文学は，これらの望遠鏡を載せた人工衛星の打ち上げを待って，その本格的な活動が始まった．

宇宙から届くすべての波長の電磁波に加えて，近年は天体からの情報を運ぶ「文

として，新しくニュートリノが加わった．ニュートリノは，ほかの素粒子（物質を構成する基本粒子）とほとんど相互作用しない（**弱い相互作用と重力相互作用のみ**）という特徴をもっている．そのため，太陽の中心部の構造や**超新星爆発**のメカニズム（太陽の構造と超新星爆発については5.2，6.5節で述べる）など，ニュートリノが運ぶ情報には電磁波では探りえなかった新しいデータが含まれる．天体からのニュートリノを測定してそれを放出する天体の構造を探る分野を，**ニュートリノ天文学**という．

さらに，これからの天文学で重要な役割を果たすことが期待される「文」の種類に**重力波**がある．重力波は**アインシュタイン**が提唱した**一般相対性理論**で，理論的にその存在を予言された物理現象である．天体から放出された重力波の測定装置（**重力波望遠鏡**）は現在開発中であり，近い将来における重力波を利用した天文学（**重力波天文学**）の誕生が待たれている．

以上のように，長い人類の歴史のほとんどの年月の間，人々は天から届く「文」の種類のなかで，ただ1種類の「文」（可視光線）を観測することで宇宙を眺めていたのである．まさに，毎日続く曇り日のわずかな雲間から宇宙を眺めていたのであり，100年近く前のつい最近になって，宇宙からの「文」にその他の多くの種類が含まれていることを知ったのである．「文」の種類で分類すると，現代の天文学は，**光学天文学・電波天文学・赤外線天文学・紫外線天文学・X線天文学・γ線天文学**と**ニュートリノ天文学・重力波天文学**から成り立っている．

★ 天からの文を読み解く能力の進化

天体から受け取る「文」の種類を多様化したものは，電波をはじめとする可視光線以外の電磁波と，ニュートリノ（近い将来に実現が期待される重力波を含めて）の測定を可能にした技術の進歩である．新しい技術の開発は，従来からの光学天文学の分野においても，**すばる望遠鏡**などの口径が大きい望遠鏡の建設や，**ハッブル宇宙望遠鏡**の人工衛星への搭載を実現し，より遠方にある暗い天体の観測と，大気の揺らぎに影響されない画像の鮮明化を可能にした．これらの成果により，宇宙の深部を詳細に観測したいという人類の長い間の念願が叶っただけでなく，その存在を想像したこともなかった宇宙の多様な構造が発見された．

上記の技術の進歩とは異なる意味で，天文学の新たな進展を可能にしたものとして，19世紀末から20世紀の初めにおける現代物理学（**量子物理学**と**相対性理論**）の誕生と，それを基礎にした**素粒子物理学**の進展がある．これらの科学の進歩は，天からの「文」に以前から記されていながらも，それを解読する人類の能力の未発達さのために長い間見過ごされてきた多くの貴重な情報の存在を明らかにし，それを読み解くことで天文学の飛躍的な発展を促した．

★ 雲は取り払われた

　科学と技術の進歩により，「天からの『文』の種類の制限」と，「『文』の内容を解読する能力の未熟さ」が原因で，二重の意味で天体観測の妨げになっていた「雲」が取り払われ，現代天文学は飛躍的な発展を遂げることになった．

　天体観測におけるこれらの成果が，天文学にもたらした知見の主なものとしては
- 恒星（太陽を含む）の構造とその進化メカニズムの解明
- 存在が知られていなかった新しい種類の天体の発見
- 宇宙膨張の発見
- 宇宙内部構造の進化の発見と，そのメカニズムの解明

を挙げることができる（詳細は 5.2, 5.3, 6.4, 6.5, 7.5 節で述べる）．2 章以降では，最新の成果を含めて，人類がこれまでに獲得した天文学の知見を，地球に近い天体に関するものから順に紹介し，最終的に宇宙全体に関する知見まで，それらの概要を眺める．

　「天からの文を読み解く学問」，それは天文学の研究・教育の両面における，天体観測の果たす役割の重要性を意味する言葉である．次節では，「いつでも・どこでも・だれでも・天体観測可能」な環境の整備をめざすプロジェクトを紹介する．

☀ 1.2　インターネット望遠鏡プロジェクト

　「いつでも・どこでも・だれでも・天体観測可能」，それは天文学に携わる人たちにとって，また，多くの天文ファンにとっての夢であった．そんな夢のような環境を可能にしたのがインターネットの発達であり，そのためのネットワークを構築し，そのネットワークを無料で開放しているのが，慶應義塾大学インターネット望遠鏡（以下，インターネット望遠鏡，または IT と略す）ネットワークである．以下では，このシステムの概要を紹介しよう．

★ 慶應義塾大学インターネット望遠鏡ネットワーク

　図 1.2 (a) は，インターネット望遠鏡プロジェクトの現在の望遠鏡の設置場所と，それを結ぶネットワークの構造を示したものである[*1]．この図に示すように，望遠鏡のユーザーはそれぞれのパソコン（自宅や教室の）・タブレット・スマートフォンから，コントロールサーバー経由で国内外に設置された望遠鏡にアクセスすることが可能である．

[*1] 2015 年 12 月末日現在での望遠鏡設置場所は国内 3 か所（府中・横須賀・秋田）と国外 2 か所（ニューヨーク・ミラノ）の計 5 か所であるが，今後増えていく予定である．

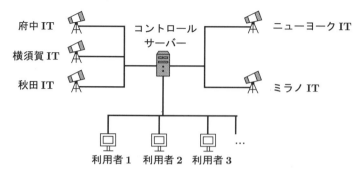

(a) ネットワークの構造（ITはInternet Telescopeの略）

(b) インターネット望遠鏡のログイン画面

図1.2　インターネット望遠鏡ネットワーク

　図(b)の設置場所を記した世界地図は，インターネット望遠鏡のログインページを立ち上げたときの画面である．地図上で明るい部分はアクセス時点での昼の地域を，暗い部分は夜の地域を表している．時間の経過につれて，明るい部分と暗い部分の境界が少しずつ西に向かって移動していき，どの地域の望遠鏡が夜の時間帯にあるかが一目でわかるようになっている．同時に，この画面上では，望遠鏡が設置されている地域の天候に関する情報も確認できる．

　図1.3は，望遠鏡設置場所（日本・イタリア・アメリカ東部）間の時差を示したものである．この図からわかるように，24時間どこからでも北半球の夜空の天体を観測できることになる[*1]．「地球上にはどこかに夜の地域があるのだから，インター

[*1] 実際は，さまざまな原因で望遠鏡が停止することも起こるので，復旧するまでの期間はこの環境が実現されないこともある．

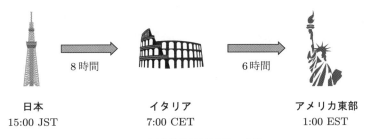

図 1.3 望遠鏡設置地域間の時差

ネット経由でその地域の望遠鏡を利用すれば，いつでも夜空の天体観測ができる」――ちょっとした発想の転換により，夜の時間帯にしか夜空を観測できないというそれまでの思い込みを，インターネットの進歩が打破することになった．たとえば，日本の昼の時刻にニューヨークに設置してある望遠鏡にアクセスすれば，ニューヨークの夜空の天体を観測することができる．

インターネット望遠鏡は，文字どおりインターネット経由で望遠鏡を操作するものなので，天体観測にあたって望遠鏡を担いで人里離れた高い山に昇る必要はなく，好きな場所から望遠鏡にアクセスできる．また，実際の望遠鏡の取扱いは初心者にはかなり難しく，それが天体観測を始めることを躊躇させる要因となっているのに対し，インターネット望遠鏡では，自分のパソコン上で観測したい天体を選ぶだけで，目的の天体を望遠鏡の視野に映し出せる．

インターネット望遠鏡がもつこれらの機能が，「いつでも・どこでも・だれでも・天体観測可能」な環境を提供することを可能にしている．

★ インターネット望遠鏡へのアクセスとその機能

図 1.4 はインターネット望遠鏡のホームページ（http://www.kitp.org/）である．この画面の「**インターネット望遠鏡のログインページはこちら**」をクリックすることで，図 1.2（b）のインターネット望遠鏡のログイン画面が立ち上がる．ログイン画面で，時間帯および気象条件を考慮して利用可能な望遠鏡を選び，その望遠鏡のアイコンをクリックすることで，利用したい望遠鏡にログインし，図 1.5 の望遠鏡操作画面が立ち上がる．

インターネット望遠鏡の詳しい構造とその操作法は，web ページ上に用意されている簡易マニュアルを参考にしてほしい．ここでは図 1.5 の操作画面に従って，いくつかの基本的な要点をまとめておく．

図 1.5 に示されているように，操作画面には 7 個のウィンドウが用意されている．各ウィンドウの役割は以下のとおりである．

図 1.4　インターネット望遠鏡のホームページ（http://www.kitp.org）

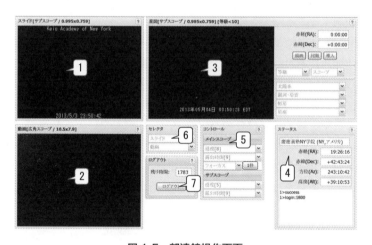

図 1.5　望遠鏡操作画面

① 「スライド（静止画）」ウィンドウ

　望遠鏡の視野にある天体を静止画で表示する．このウィンドウをダブルクリックすると，画面が 4 倍に拡大された「スナップショット」ウィンドウが立ち上がり，画像の保存と，画面に映っている天体間の角距離（分離角）を測定できる．

② 「動画」ウィンドウ

　望遠鏡の視野にある天体を動画で表示する．このウィンドウをダブルクリックすると，全画面表示で動画を見ることができる．

③「星図」ウィンドウ

　右側にある「太陽系」「銀河・星雲」「恒星」「星座」の各ドロップダウンリストから目的の天体を選んで「導入」ボタンを押すと，その天体を望遠鏡の視野に導入する（望遠鏡をその天体に向ける）．また，左側の画面に導入された天体とその近傍の天体を表示し，その画面上の天体にカーソルを重ねると，その天体の名前が表示される．木星やその衛星などの複数の天体が同時に望遠鏡の視野にあるときに，それぞれの天体の名前を特定するのに便利である．

④「ステータス」ウィンドウ

　望遠鏡が向いている方向を示す．天体を導入するときにこのウィンドウを見ていると，「星図」ウィンドウの右上に表示される目的の天体の座標に，望遠鏡の向きを表す座標が近づいていくのがわかるようになっている．「ステータス」ウィンドウの座標が天体の座標に一致したとき，望遠鏡はその天体の方向に向いたことを表す．

⑤「コントロール」ウィンドウ

　メインスコープとサブスコープの感度および露出時間をコントロールする役割と，メインスコープのフォーカスを調整する役割をもつ．

⑥「セレクタ」ウィンドウ

　「スライド」ウィンドウと「動画」ウィンドウのそれぞれに表示する天体を，メインスコープ，サブスコープあるいは広角スコープのなかで，どの望遠鏡を利用して観測するかを選択する．

⑦「ログアウト」ウィンドウ

　アクセス中のインターネット望遠鏡からログアウトするときに利用するウィンドウであり，「ログアウト」ボタンをクリックするだけでログアウトできる．望遠鏡からログアウトするときは必ずこのボタンをクリックすることで，アクセス中の望遠鏡との接続を終了するように心がけてほしい．

　これで，インターネット望遠鏡ネットワークの機能と操作法の概要が理解できただろう．これまでいろいろな社会教育の場で，小・中学生を含む多くの人たちに望遠鏡の操作法について簡単な説明を行って，インターネット望遠鏡を利用した天体観測の体験をしてもらっているが，その説明を聞くだけですぐに望遠鏡を操作し始める人が多い．このことからもわかるように，この望遠鏡の操作は非常に簡単である．また，操作の訓練のためのトレーニングモードも用意されているので，そちらも利用してほしい[*1]．

---

　*1　トレーニングモードは，ログインページの上部にあるタブをクリックすることで立ち上がる．

★ インターネット望遠鏡が切り開く天体観測の新しい可能性

　本書は，天文学を学ぶにあたって自分で天体を観測することの重要性を示すと同時に，それを実現する環境として，慶應義塾大学インターネット望遠鏡プロジェクトの紹介をしている．なお，本書に掲載した天体画像や観測データには，インターネット望遠鏡で撮ったものを使用している．望遠鏡を所持していなくても，また，望遠鏡の取扱いに不慣れな初心者でも，インターネット望遠鏡を利用すれば本書に載せているような天体画像を撮ることができる．また，紹介した観測テーマに挑戦して自分でデータを取ることも容易である．

　インターネット望遠鏡プロジェクトでは，インターネット望遠鏡ネットワークを充実させるための作業と並行して，このネットワークを利用した観測テーマの開発に取り組んできた．その取組みの成果として，ネットワークの特長を活かした興味深い観測テーマを用意できることが明らかになった．その一つは，地球上の異なる複数の地点からの同じ天体の同時観測である．もう一つは，観測対象を限定した特殊機能をもつ望遠鏡をネットワークに繋ぐことで可能となる観測テーマである．たとえば，太陽観測用の望遠鏡はその目的にしか使えないため，それを独自に用意することは難しい．しかし，インターネット望遠鏡のネットワークに接続することで，誰でも利用することが可能となる．言わば，インターネット望遠鏡ネットワークを介した特殊機能望遠鏡の共有化である．これらの例は，Part II で紹介する．また，現段階では実現していないが，南半球にインターネット望遠鏡を設置することで，これまでは不可能であった観測テーマを考えることも可能となる．

　本書を通じて「天体観測の初心者でも，インターネット望遠鏡を利用すれば，とても自分では不可能だと思っていた観測までできるのだ」という楽しい発見をしていただきたい．

2章 天体としての地球

地球は人類にとってもっとも身近な天体であることから，その歴史や構造などがさまざまな観点から詳しく調べられてきた．本章では，一つの天体としての視点から地球を調べてみよう．

2.1 地球の構造とその自転・公転

★ 地球の構造と大きさ・質量

地球が誕生してから約 46 億年が経過している．これは，隕石の**放射年代測定**[*1]によるデータから推測された値であるが，それはまた，既知の地球上で最古の岩石および月の石の年齢とも一致する．

図 2.1 に示すように，地球の内部は**地殻・マントル・核**の3部分から構成されている．地殻の厚さは，海では 6 km，陸地では 60 km くらいであり，マントルは地殻の下から厚さ 2900 km くらいの層をなしている．地殻は**花崗岩・安山岩・玄武岩**などで構成されているが，それに対して，マントルは**かんらん岩**を主成分とする岩石で構成されている点が異なる．なお，地殻とマントルとの境界は**モホロビチッチ不連続面**とよばれている．

マントルより下にあり，鉄やニッケルが主成分の層を核という．核は，液体の外核と固体の内核に分かれる．マントルと外核との境界を**グーテンベルク不連続面**とよび，また，外核と内核の境界を**レーマン不連続面**という．外核の対流によって，地磁気が発生すると考えられている（これを**ダイナモ理論**という）．

地球の半径は約 6378 km である．地球の半径については，古代からかなり正確な値がわかっていた．最初にその大きさを測ったのは，古代ギリシャの**エラトステネス**であると言われている（図 2.2）．彼は，エジプト南部の町**シエネ**の近くでは，夏至の日の正午の太陽が真上から差し込み，井戸の底まで明るく照らすことを知っていた．

[*1] 放射線を放出してほかの原子核に変換する原子核を利用して岩石などの年代を測定する方法を，放射年代測定法とよぶ．

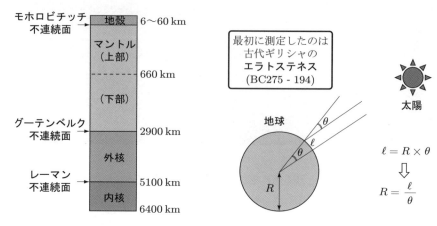

図 2.1 地球の構造　　　図 2.2 エラトステネスの方法

つまり，シエネでは夏至の日の太陽は天頂にあることになる．一方，シエネより数百 km 北にある**アレクサンドリア**ではそうはならない．エラトステネスは，シエネとアレクサンドリアで同時に太陽が真上に来ないのは，大地が球形をしているからだと仮定し，二つの地点間の距離とそれらの地点での太陽光線の角度の差から，地球の大きさを推定した．

地球の質量は 5.972×10^{24} kg である．図 2.3 に示すように，地球質量 M と地表面の重力加速度 $g(= 9.8 \, \mathrm{m/s^2})$ の間には[*1]，自転による遠心力の影響を無視したとき

$$g = \frac{GM}{R^2} \tag{2.1}$$

の関係が成り立つ．ここで，G は万有引力定数，R は地球の半径である．上式を変形すると，地球の質量 M は

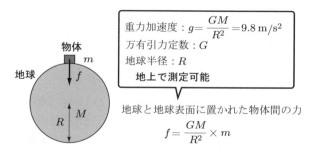

図 2.3 地球の質量測定

[*1] 地球表面での単位質量あたりの万有引力の強さを重力加速度という．

$$M = \frac{gR^2}{G} \tag{2.2}$$

となる．式(2.2)の右辺に現れている万有引力定数 G と重力加速度 g は地上での実験で測定できる量であり，半径 R も上記のように観測で求められるので，これらの値を代入することで，最終的に地球の質量 M が求められる．

★ 地球の自転と公転

　地球が自転運動と公転運動をしていることは，現在では知らない人はいないだろう．しかし，地球が確かに自転・公転をしていることを，地球上での観測または実験で証明することはそう簡単なことではない．また，地球は自転・公転以外にも複雑な動きをしている．これらについて知っておくことは，天体観測を始めるにあたり大変重要であるので，ここでこれらの運動について説明しよう．

地球の自転

　まず，自転運動について調べてみよう．地球が自転していることを最初に証明したのはフーコーである．彼は1851年にパリのパンテオン宮殿で，ドームの上から28 kg の鉄球を67 m の鋼鉄線で吊り下げた振り子（このタイプの振り子をフーコーの振り子という）を用いた大がかりな実験を行い，大勢の人たちが見守る前でその振動面が回転することを確認し，地球が確かに自転していることを証明した[*1]．

　振動しているフーコーの振り子には地球の重力しかはたらいていないにもかかわらず，時間が経つにつれてその振動面が変化する．振動面を変えようとする力ははたらいていないので（重力以外の力は作用していないので），宇宙空間から見れば，振り子の振動面は変わらないはずである．それにもかかわらず，地上にいる人が振り子の振動面の回転を観察すれば，それは地上に立っている観測者自身が宇宙に対して回転していることを意味することになり，結果として，地球が自転している証拠となる．

　話を単純にするため，仮に北極点（または南極点）に置かれた振り子を考えよう．この場合，図2.5に示すように，地球表面に立っている観測者は地球の自転によって宇宙空間に対して1日に1回転することから，宇宙空間に対して固定されている振り子の振動面が，地球の自転とは逆方向に1回転することがわかる．北極・南極以外では，振動面の回転の様子はやや込み入ってくるが，振り子の振動面が回転する事実は変わらない．より正確に言うと，緯度が高いほど1日の回転角は大きく，緯度が低いほど1日の回転角は小さくなる．したがって，赤道上ではまったく回転しない．

[*1] 図2.4は，パリのパンテオン宮殿に現在設置されているフーコーの振り子の写真である．

図2.4 パンテオン宮殿（パリ）の
　　　フーコーの振り子

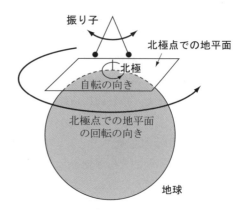

図2.5 北極点でのフーコーの振り子

　現代では，地球が自転しているもっとも明白な証明の一つとして，人工衛星の軌道の変化を挙げることができる．ある地点から一定方向に打ち上げられた人工衛星を考えよう．ひとたび人工衛星が打ち上げられると，それ以後に人工衛星にはたらく力は（地球の重力を除いて）無視できるため，1周後には発射地点の上空を飛ぶはずである．しかし，現実はそうならない．これは，人工衛星の軌道は一定であるにもかかわらず，その間に地球が自転しているために起こる現象である．

地球の公転

　つぎに，地球の公転の証拠について考えてみよう．地球が太陽の周りを公転していることのもっとも直接的な証拠は，星の年周運動の観測から得られる．地球が太陽の周りを回っているなら，半年後の地球は，もといた場所から地球・太陽間の平均距離の2倍だけ離れた位置にいることになる．そのために，星の見える方向が半年後にはずれて見えることになる．この見える方向のずれを**視差**という．視差が生じることにより，星は1年を単位として楕円形に動くことになる．これを星の**年周視差**という（図2.6参照）．このような星の年周視差は，1838年にドイツのベッセルとイギリスのヘンダーソンなどにより観測され，地球が確かに公転していることが確認された．

　地球公転の別の証拠として，**年周光行差**がある．風のない日に雨が降っている場合，止まっている電車内にいる人からは雨はまっすぐに落ちてくるようにみえる．しかし，電車が動き出すと，雨は先ほどと違って進行方向前方から斜めに落ちてくるように見える．恒星からの光も同じで，地球が光の速さに対して無視できない速さで動いている場合は，恒星からの光も地球の進行方向斜め前からくるように見える．これを**年周

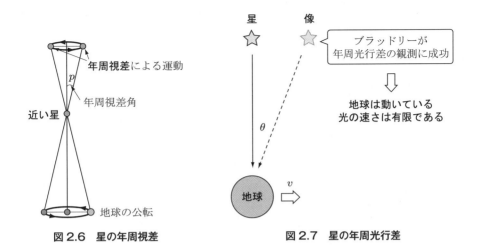

図 2.6　星の年周視差　　　図 2.7　星の年周光行差

光行差といい，その大きさは，年周視差の最大の値よりも 30 倍近くも大きい．そのため，歴史的には年周視差ではなく年周光行差が先に観測され，それが地動説の最初の証拠になった（1728 年にイギリスのブラッドリーが発見，図 2.7）．

地球の動く速さを v，光の速さを c としたとき，年周光行差 θ は $\theta = v/c$ で与えられる．年周光行差が観測されたこと（θ がゼロでないことが確認されたこと）は，地球の動く速さ v がゼロでないことだけでなく，光の速さ c が無限大でないことを確かめたことにもなり，科学史上の二つの重要な発見を導く観測事実であることに注目しよう．

★ 地球の自転と公転：続き

先ほど述べたように，地球は自転しながら太陽の周りを公転している．ここでは，別の視点から地球の運動を見直そう．

自転

まず，地球の自転から考えよう．地球の自転軸を**地軸**といい，これは北緯 90° の地点である北極点と南緯 90° の地点である南極点とを結ぶ直線のことである．地球の地軸は公転面の法線に対して約 23.43° 傾いており，これが季節を生み出す原因となる．

自転周期は 24 時間であり，直感的には 1 日の長さとなるが，地球が自転運動で 1 回転したことを確かめるにあたって，何を基準にするかで結果が違ってくるため，注意が必要である．私たちは太陽の**日周運動**[*1] をもとにした時間で生活しているので，

[*1] 地球が自転することによって，朝方に東から昇った太陽が夕方には西に沈む動きを日周運動という．

太陽が**南中**（真南にくること）してから再び南中するまでを 1 日とするのが自然である．これを**太陽日**といい，つぎの関係がある．

$$1\text{太陽日} = 24\text{時間} \tag{2.3}$$

一方，遠い恒星は見かけの位置を変えないので，基準を太陽ではなく恒星にとることも可能である．つまり，ある恒星が南中してからつぎに南中するまでの周期を 1 日とするのである．これを**恒星日**といい，つぎの関係がある．

$$1\text{恒星日} = 23\text{時間}56\text{分}4\text{秒} \tag{2.4}$$

地球と月の重力で生じる**潮汐力**の影響で，長い年月でみれば，地球の自転速度は少しずつ遅くなっている．このほかにも，自転速度は地上の空気の流れや海流の変動によってもわずかではあるが変化する．そのため，太陽日を基準にした時間の測り方と，**原子時計**を基準にした時間の測り方でわずかな差を生むことになる[*1]．

公転

つぎに，地球の公転について考えよう．地球は太陽の周りを**楕円軌道**に沿って公転している（詳しくは 4.2 節で述べる）．太陽は楕円の焦点の一つにあり，軌道上で地球が太陽にもっとも接近した地点を**近日点**，もっとも遠ざかった地点を**遠日点**とよぶ．地球は近日点の近くでは素早く，遠日点の近くではゆっくり動く．このことは，近日点通過が 1 月 4 日前後，遠日点通過が 7 月 5 日前後であるので，春分から秋分までの日数に比べ，秋分から春分までの日数が短くなることからもわかる．なお，遠日点にあるにもかかわらず北半球が夏である（暑い）のは，季節変化の主な要因が太陽までの距離の違いによるものではなく，先ほど述べたように，地球の地軸が公転面の法線に対して傾いているためである．

地球が太陽の周りを 1 周するのにかかる時間が**公転周期**であり，直感的には 1 年の長さとなる．この場合も，地球が公転してもとの位置に戻ったことを確かめるにあたって，何を基準にとるかでその値が微妙に変化する．ふつうは 1 年と季節の巡りを一致させる，つまり，たとえば春分からつぎの春分までの長さを 1 年とするのが自然である．この長さを **1 太陽年**といい，以下の値となる．

$$1\text{太陽年} = 365.2422\text{日} \tag{2.5}$$

一方で，地球から見て太陽が，ある恒星の位置に見えてから再びもとの恒星の位置

[*1] この差を調整しているのが，ときどき行われる**閏秒**である．

に戻るまでの時間を1年とすることもできる．これを1**恒星年**といい，つぎのようになる．

$$1 恒星年 = 365.256363 日 = 365 日 6 時間 9 分 10 秒 \quad (2.6)$$

太陽年と恒星年が異なるのは，地球が**歳差運動**をしているためである．歳差運動とは，自転している物体の回転軸が円を描くように振れる現象をいう．地球も歳差運動をしており，そのため**春分点**が移動することになる．このとき，春分点は**黄道**上を逆行するので，その結果として，恒星年は春分点を基準とする太陽年より長くなる[*1]．

☀ 2.2 地球から見た太陽の動き

地球が自転・公転運動をしていることは，フーコーの振り子の実験や恒星の年周視差，および年周光行差の観測などで確かめられた．しかし，地球を遠く離れたところから観測しなければ，地上にいたままで地球が自転していることや，地球が太陽の周りを1年かけて公転していることを実際に見ることは不可能である．

一方，地球の自転と公転の影響で太陽が日周運動することや，季節によって太陽の高さが異なることは，地上で太陽の動きを見ることで日々体験している．地球で見たときの太陽の動き方を調べることは，地球の運動を別の観点から（地球に固定した基準系から）見ることになり興味深い．

ヨーロッパの街角や古城の壁には，美しい日時計がつくられているのをときどき見ることがある．図2.8は，チェコのプラハ市街の建物の壁と，同じくチェコの世界遺産の街チェスキークロムロフにある古城の壁に描かれた日時計の写真である．これら

(a) プラハ市街　　(b) チェスキークロムロフ城

図2.8 プラハとチェスキークロムロフの日時計

[*1] 春分点と黄道については6.2節で説明する．

の日時計には共通して，壁から突き出している棒の根元から放射状に延びる直線群と，それに交差する曲線群が描かれている．これらの曲線を**日影曲線**という．

★ 日影曲線

　壁につくられた日時計に描かれた日影曲線は，太陽光線によってできた棒の影の先端が，太陽の**日周運動**によって描く曲線である．日時計にはさまざまな日影曲線が描かれているが，それは季節によって太陽の高さが異なるために，季節ごとに影の長さが違うことを表している．

　これらの曲線を詳しく見ると，図2.9のように真中に直線があり，その上には下に凸の曲線群が，直線の下には上に凸の曲線群が描かれていることがわかる．真中の直線は，春分と秋分のときに影の先端によって描かれる日影曲線（直線）である．

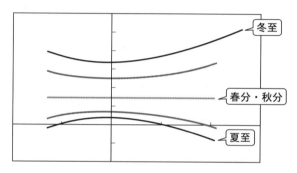

図2.9　緯度35.5°における日影曲線

　春分から夏至に至る期間には，直線の下に描かれた曲線を下方に向かって順にたどり，夏至のときには一番下の日影曲線が対応する．夏至が過ぎて秋分に至る期間には，一番下の日影曲線から順に上方の日影曲線をたどり，秋分のときに影の先端は再び直線上を移動する．その後，冬至までの期間は直線の上に描かれた日影曲線を順に上方にたどり，冬至のときに最上端の日影曲線を描く．冬至を過ぎると少しずつ下の日影曲線をたどって，春分になると真中に描かれた直線がそのときの日影曲線に対応する．

　したがって，棒の影の先端は太陽の日周運動によって一つの日影曲線に沿って移動し，季節ごとにどの日影曲線上を動くかを変えていく．その結果，日時計の影の先端がどの日影曲線上にあるかで季節を知ることが可能となり，つぎに，その曲線のどの位置を影の先端が指しているかを見ることで時刻がわかる．これが日時計の機能である．

　以上で日時計の構造が理解できただろう．加えて，時計の機能とは異なるが，これらの日時計は，見る人にもう一つの情報を与えている．それは，春分と秋分のときの

日影曲線，すなわち曲線群の中央に描かれた直線の傾きである．もし，日時計のつくられている壁が真南を向いているときには，この直線は水平だが，直線が傾いているときには，その傾きが壁の向きの真南からのずれを示している．

壁につくられた日時計は，それ自身が街を彩る美しい風景の一つであると同時に，上で述べたように，地球を基準に取ったときの太陽の動きを記録する装置としての役割を果たしている．街角にこのような日時計が何気なくつくられていることは，人々の生活に天文学がいかに深く根付いているかを感じさせてくれる．

★ 均時差とアナレンマ

図 2.10 は，ソウル近郊につくられている日時計の写真である．この日時計のそばには，**均時差**を表す曲線が描かれた石も設置されている．均時差とは，原子時計などが刻む時刻と，太陽の動きに基づいて時間を刻む日時計の示す時刻に生じる差の大きさであり，地球の公転軌道が楕円であり，その楕円上を動く速さが季節によって異なることと，地球の自転軸が公転面に対して 23.43° 傾いていることによって生じる．

(a) 日時計　　　　　　　　　　(b) 均時差曲線

図 2.10 ソウル近郊の日時計と均時差曲線

均時差を別の視点から見てみよう．地上に棒を立てて，その棒の影の先端が日々決められた時刻に指す点（たとえば，毎日正午に指す点）を記録する．1 年を通してその点の位置は変化し，その移動の様子を記録すると曲線ができる．この曲線の形は観測地点の緯度および指定した時刻によって異なるが，8 の字を変形したような曲線を描くことが知られている．この曲線を**アナレンマ**とよぶ．図 2.11 に，東京で正午に測定したときに描かれるアナレンマを示す．

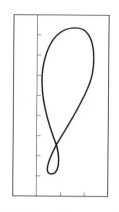

図 2.11　アナレンマの例

★ 日影曲線の観測

　先ほどは壁につくられた日時計を例にして，日影曲線の意味を紹介した．日影曲線は必ずしも壁に立てられた棒がつくる影だけでなく，地上に立てられた棒の影によっても描かれる．地上に立てられた棒が描く日影曲線と，壁に立てられた棒が描く日影曲線は同じだろうか？　もし何らかの違いがあるとすれば，それらの曲線にはどんな関係があるのだろうか？　緯度の異なる地域で観測したときの日影曲線の形は…？　さらには，もっと基本的な疑問として，日影曲線はそもそもどんな曲線だろうか？　少し想像力をはたらかすだけで，日影曲線に関してもさまざまな興味が湧いてくるだろう．

　日影曲線の観測では，望遠鏡などの特別な観測装置を必要としない．棒と鉛筆，さらに白紙および時刻を知るための時計，場合によっては四角形の箱（上面と側面を利用するため）があれば，準備は整う．これらを用意して日影曲線を観測することで，毎日のように体験している太陽の日周運動に隠された自然界の秩序を探ることが可能となる．その意味で，日影曲線を自分で観測して上記の疑問に答えることは，観測を重視した天文学の最初の一歩であり，天文学の魅力を体験する入口ともいえるだろう．日影曲線の観測方法と観測例に関しては，Part II の『観測 A』で紹介する．

☀ 2.3　地球と生命

　火星からの隕石に生命体の痕跡が見つかったということが大きなニュースになったことがあった．しかしその後の検証で，その隕石に見られる特徴は生命体に関係なく生じた可能性もあることがわかった．いまのところ，地球以外の惑星で，生命体が存在していることを示す明確な証拠は得られていない．なぜ地球には生命体が誕生する

ことができたのか，ここではその理由を考察しよう．

最初に言えることは，4.1 節でも説明するように，**地球型惑星**と**木星型惑星**では，その構造が大きく異なっていることである．岩石を主とした地球型惑星でなければ，陸地や海という生命体が存在するにふさわしい条件を整えることができない．

つぎに，液体の水が存在できる条件として，太陽からの距離が重要である．水はいろいろなものを溶かす性質があるため，大気成分の調整機能をもつ．そのため，液体の水を大量に含む海ができると，大気中の二酸化炭素が水に溶けて温室効果が緩和され，気圧も気温も適度に下がっていく．その結果，雨が降りやすくなり，海はどんどん成長していく．また，水に溶けた二酸化炭素は，炭酸カルシウムとなって固定化されていく．さらに，海にいろいろな物質が溶け込むことで，生命体の源となる高分子化合物もつくられる可能性が高まる．水が液体として存在できる範囲は $0 \sim 100\,°C$ であるが，これは天文学的な尺度ではかなり小さい温度範囲である．少しでも太陽に近かったり遠かったりするだけで，この条件は満たされなくなる．

さらに，太陽光線で地表が暖められる昼の時間帯と，太陽光線が届かない夜の時間帯の長さは，地球の自転速度によって決められている．昼の時間帯が長すぎて地表が暑くなりすぎることもなく，その逆に，夜の時間帯に冷たくなりすぎることもないような自転速度であることも，地球に生命が存在することの理由の一つとして考えることもできる．

太陽系惑星のなかでこれらの条件を満たすのは，地球だけである．ただし，惑星以外に目を向けると，太陽系内にこれらの条件を満たす可能性のある天体は存在する．たとえば，木星の衛星**エウロパ**は主に氷で覆われているが，潮汐力によって暖められているため，地下に液体の水がある可能性が高いことがわかっている．また，土星の衛星である**タイタン**の大気中には，多種多様な有機化合物があることもわかっている．これらの衛星には，もしかしたら原始的な生命体がいまも存在しているかもしれない．

3章
月 ― 地球の唯一の衛星 ―

　地球をはじめとして，太陽系の惑星には，それらの周りを周回する衛星をもつものが多い．また，冥王星などの準惑星にも衛星をもつものがある．よく知られた衛星としては，木星の**ガリレオ衛星**（4.5節）や土星の衛星**タイタン**があるが，木星や土星にはどちらも 60 個を超える衛星が発見されている．私たちの住む地球には一つの衛星が存在し，それが月である．

　月は地球からもっとも近い天体であり，地球以外で人類が足を下ろした唯一の天体でもある．月の見かけの大きさは太陽とほぼ同じで，ほかの天体に比べて非常に大きい．また，月と地球および太陽の相対的な位置関係が時間の経過につれて変化することによって，月は**満ち欠け**を繰り返す[*1]．

　太陽と地球および月の三つの天体がほぼ一直線上に並ぶときには，**日食**や**月食**という天文現象が起こり，多くの人々の関心を集めている．こうした特徴のために，月は世界の各地で昔から人々に親しまれてきた．日本でも秋の十五夜に観月の習慣があり，**竹取物語**のような月にまつわる物語もある．

☀ 3.1　月の基本的なことがら

　月の表面には，「陸」とよばれる明るく輝く場所と，「海」とよばれる暗く平らな場所がある．陸と海の違いは，その成立の過程にあると考えられている．陸には，隕石などの衝突によって生じたと考えられる**クレーター**（図3.1）が多く存在する．一方，海は大量の溶岩の湧出によってクレーターの底のような低地が埋められて，平坦な地形が形成されたと考えられている．

　衛星としてみたときの月の特徴は，その**母惑星**（地球）に対する大きさにある．太陽系で最大の衛星である木星の衛星**ガニメデ**でさえ，母惑星の木星と比較するときわめて小さく，その質量は木星の 10 万分の 8 程度である．これに対して，月は地球の約 100 分の 1（1.23 %）の質量をもち，また，その半径 1738 km は地球の赤道半径 6378 km の 4 分の 1 あまりである．この特異な大きさのために，月の起源について

[*1] 月の満ち欠けの様子を**月相**（げっそう）という．

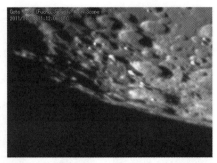

図 3.1 クレーターの画像

表 3.1　月の基本データ

平均距離	3.844×10^5 km
半径	1737.53 km
平均視半径（角度）	15 分 32.58 秒
質量	7.3491×10^{22} kg
平均密度	3.3437 g/cm^3

は親子説，兄弟説などのさまざまな説が唱えられてきたが，現在はほかの天体の衝突を起源とする説（ジャイアント・インパクト説）が有力である．

　月に関する基本的なデータは，表 3.1 に示すとおりである．このなかで，見かけの大きさを表す平均視半径[*1]が，太陽の平均視半径 15 分 5.65 秒ときわめて近いことは注目に値する[*2]．

☀ 3.2　月の公転に関するさまざまな周期

　かつて世界各地で用いられた**太陰暦**は，月の満ち欠け（月相の変化）が周期的に起こることを利用してつくられた暦の一種であり，新月からつぎの新月の直前までを 1 か月（**朔望月**）とする．図 3.2 は，2013 年 4 月 26 日から 2013 年 5 月 23 日までの月の満ち欠けの様子を記録した画像である．

　図 3.3 には，新月から**上弦**，**満月**，**下弦**を経て再び新月に戻る 1 サイクルを，地球の位置を固定した図法で示す．この図で，月は新月を出発して反時計回りに地球を 1 周して再び新月に戻る．この 1 サイクルに要する時間が 1 朔望月であり，その長さは 29 日と 12 時間 44 分 2 秒（約 29.53 日）である．

　1 年は 12 朔望月で約 354 日となり，地球の公転周期よりも 11 日ほど短い．この差を調整するために，太陰暦では**閏月**（何年かおきに 13 か月の年をおく）を設けるなどさまざまな工夫がなされている[*3]．

　月は自転運動もしていて，その向きは公転運動と同じように反時計回りである．地球からはいつもほぼ同じ表情の月が見えているが，これは月の自転の周期が公転の周期

---

*1　視半径は，その天体を地球から見たときに見込む角度の半分である．
*2　角度 1 分は 1 度の 60 分の 1 であり，1 秒はさらにその 60 分の 1 の大きさを表す．角度の表し方の詳細は巻末の付録で説明しているので，そちらを参考にしてほしい．
*3　現在使用している**太陽暦**（グレゴリオ暦）でも，ほぼ 4 年に 1 回閏年をおくなどの工夫がなされている．

24   3章 ★ 月 ― 地球の唯一の衛星 ―

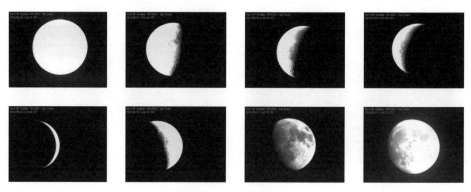

図 3.2　月の満ち欠け

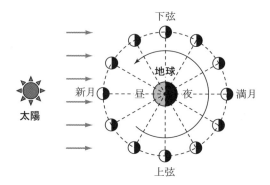

図 3.3　月相の変化

とほぼ一致しているためである．もしも自転の周期が公転の周期と大きく異なっていれば，地球からは月のすべての面が観測されて，月面の様子は日によって異なるだろう．

　図 3.3 で見たように，**月相の変化**は月が地球の周りを周回することで起こる現象であり，その変化の周期をもとにして決められたのが朔望月であった．一方，月の公転運動に起因する点では同じであるが，月相の変化をもとにした朔望月とは別に，恒星を背景にした月の位置変化の周期を基準にとる方法もある．ある恒星を基準にしたときの月の位置が，地球を周回した後もとの位置に戻るまでの時間は，月がある恒星の見える方向から再びその方向に見えるまでの時間であり，それは地球の公転の影響による恒星の見え方の違いを無視すれば一定である（周期性をもつ）．この周期を**恒星月**（こうせいげつ）という．これは恒星を基準にして，月が地球の周りを1周するのに要する時間と考えることができる[*1]．

[*1] 恒星月が恒星を基準にした月の公転運動の周期であるのに対して，朔望月は太陽を基準にした月の公転周期であるともいえる．

地球は太陽の周りを公転運動しているので，1恒星月後の月と太陽および地球の相対的な位置関係はもとと同じ状態には戻りきれず，1朔望月は1恒星月よりも約2日長くなる．図3.3においては太陽に対して地球を止めて考えたが，実際には1朔望月の間に地球は公転軌道に沿って進み，地球から見た太陽の方向は30°近く変化する．このため，地球から見た月が遠くにある恒星を基準として同じ向きに見えるのは，つぎの新月をむかえる30°ほど手前の位置に見える月の場合である．

この様子を理解するために，公転軌道上の地球から見た月の位置が，地球の公転につれてどのように変化するかを図3.4に示す．図では，1朔望月を12等分し，各等分点において地球から月に向けて矢印を引いている．地球と月はともにこの図上で，それぞれの軌道を反時計回りに進む．ただし見やすくするために，月までの距離は実際よりもはるかに大きくとってある．

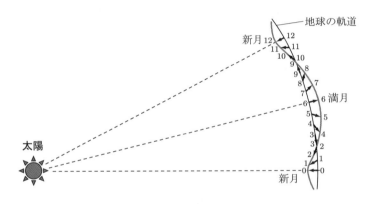

図3.4 地球の公転による月の見え方の変化

図において，出発点（0番目の矢印）で新月（矢印が太陽の方向を向いている）だった月が，最後の12番目で再び矢印が太陽のほうを指しているのがわかる（再び新月となる）．その中間に位置する6番目の矢印は，この間に起こる満月（矢印が太陽とは逆方向）を示している．12番目に太陽に向かう直前の11番目の矢印が出発点の矢印とほぼ同じ向きを向いていることから[*1]，この近くで恒星月をむかえていることがわかる．実際には，11番目の矢印は恒星月まであと6時間ほどの月を表している．

この図からわかるように，11番目の月から12番目の月になるまでの日数（約2.5日）から6時間を引いた日数が，朔望月と恒星月の差となる．

朔望月，恒星月に加えて，月の運動に関するもう一つの周期として**近点月**がある．近点月は，地球から月までの距離がほぼ周期的に変化することに着目し，月と地球が

---

*1 このとき，恒星を基準にして地球から見た月が0番目の位置と同じ位置にある．

もっとも近づいた点（**近地点**）から，つぎの近地点に至るまでの時間を表す．近くに月と地球以外の天体が存在せず，これらの二つの天体だけを考える（**2体系**）ならば，地球から見た月の軌道は，地球を一つの焦点とする楕円軌道を描く[*1]．この楕円軌道上で，月が地球にもっとも近づく点が近地点である．したがって，近点月は，月がその軌道上を1周するのに要する時間を意味している．

　地球と月だけからからなる天体系が2体系であれば，近点月と恒星月とは一致するはずであるが，実際には近点月のほうがわずかに長い．これは地球と月が2体系ではなく，月の公転運動に地球以外のほかの天体がわずかに（地球からの影響に比べて小さい）影響を及ぼすことにより，月が公転するごとに近地点が少しずつ移動するからである．容易に想像できることであるが，地球以外で月の運動に影響を及ぼす天体としては，太陽が考えられる．近点月と恒星月が少し異なることからわかるように，月の公転運動に及ぼす太陽の影響は無視できないため，月の運動は月と地球の2体運動と考えた場合よりは複雑になる．月の公転運動が楕円軌道からわずかにずれる要因となる作用（この場合は太陽の引力）を**摂動**という[*2]．

　以上では月の公転運動に関係した3種類の周期を紹介したが，このほかにも，天球[*3]上で月が黄道面を南から北へ通過する**昇交点**を通ってからつぎに通るまでの時間を表す**交点月**や，月が**春分点**を通過してから再び通るまでの時間である**分点月**などの周期も存在する．

　ここで紹介した月の公転運動に関する5種類の周期を表3.2に示す．この表では数値を4桁だけ示しているので，恒星月と分点月の値が一致しているが，さらに細かな数値を比較すると，分点月のほうが0.00008日（約7秒）だけ短い．

　表3.2からわかるように，朔望月と恒星月の差（2日あまり）に比べて，朔望月以外の4種類（恒星月・近点月・交点月・分点月）の周期の差は小さい．

表 3.2　月の公転に関するいろいろな周期

朔望月	恒星月	近点月	交点月	分点月
29.53 日	27.32 日	27.55 日	27.21 日	27.32 日

[*1] 地球が太陽の周りを楕円軌道を描いて公転するのと同じように，月も地球の周りを楕円軌道を描いて公転する．
[*2] 惑星の公転運動においても，ほかの惑星からの引力などが摂動として作用するために，同様の効果により厳密には惑星の軌道も楕円軌道から外れることになる．しかし，この効果は非常に小さいので，本書ではこの効果は考慮しないことにする．
[*3] 詳しくは6.2節で説明する．

4章
太陽系

　太陽系は，恒星の一つである太陽と，太陽の重力の影響を受けてその周囲を公転しているさまざまな天体からなる天体系である．

　以下では，太陽系に属するこれらの天体について説明しよう[*1]．太陽系に属する天体として，太陽以外で真っ先に思い浮かぶのは惑星だろう．地球は太陽系に属する惑星の一つである．惑星とは「太陽の周りを公転している」，「自分自身の重力によりほぼ球形になっている」，「その軌道の近傍に，同じくらい大きな質量をもつほかの天体が存在しない」の三つの条件を満たす天体をいう．この定義に従うと，太陽系に属する天体のうち惑星とよべるのは，内側から順に**水星・金星・地球・火星・木星・土星・天王星・海王星**の 8 個になる．第 9 番目の惑星とよばれていた**冥王星**は，この定義によって惑星としての資格を失った．

☀ 4.1　太陽系内の惑星

　太陽系には 8 個の惑星——水星・金星・地球・火星・木星・土星・天王星・海王星——がある[*2]（図 4.1）．太陽系では太陽についで大きな天体たちであり，いずれも太

図 4.1　太陽と惑星

[*1] 太陽も太陽系の天体であるが，それは恒星であり，太陽系のほかの天体とは異なる分類に属する．説明の都合上，太陽系のほかの天体とは区別して，後ほど太陽だけを独立に取り上げる．

[*2] 近年の観測で太陽以外にも惑星をもつ恒星が存在していることが明らかになってきたが，ここでは太陽系の惑星についてのみ調べることにする．

陽の周りを楕円軌道を描いて周回している．いくつかの惑星は太陽の光を受けて明るく輝いており，肉眼でも容易に観測することができる．

太陽系の8個の惑星のうち，太陽の近くを公転している水星・金星・地球・火星（これらを**地球型惑星**とよぶ）と，太陽から離れた場所で公転している木星・土星・天王星・海王星（これらを**木星型惑星**とよぶ）の間には，大きさと密度に著しい違いがある．地球型惑星は，硬い岩石の表面をもち，その中心部に鉄の核が存在する比較的小さな天体であり，平均密度が非常に大きい（約 $5\,\mathrm{g/cm^3}$）という共通の特徴をもっている．一方，木星型惑星は地球型惑星よりも半径がはるかに大きく，惑星を構成する物質の成分は主に**水素やヘリウム**という軽いガスからなるので，その平均密度は $1\,\mathrm{g/cm^3}$ 前後と小さく，また，多くの衛星とそれらの惑星を取り巻くいくつかの環をもつなどの共通点がある．

地球型惑星と木星型惑星にはこのような違いがあるが，それを念頭に置きながら，内側から順にそれらの惑星の特徴を見ていこう．

水星

水星は太陽に近く半径も小さいため，地球や金星のように大気をもつことができない．水星の公転周期は約 87 日[*1]，自転周期は約 58 日である．太陽に近いため昼間は非常に熱くなるが（約 350 ℃），大気がないため，夜になると熱が宇宙空間に簡単に逃げるのでかなり冷たくなる（約 -170 ℃）．

また，太陽の引力に引かれた微小天体が，太陽に落下する途中に水星の引力に引かれて衝突することも起こるため，そのときの衝突によってできた多数のクレーターが存在する．さらに，水星の表面には**リンクルリッジ**とよばれるしわが多数あるが，これは水星内部が冷却・収縮した際にできたものと考えられている．

金星

金星は二酸化炭素を主成分とする濃い大気と厚い雲に覆われている．この厚い大気による**温室効果**のために熱が宇宙空間に逃げられないので，水星に比べて太陽から遠くにあるにもかかわらず，その表面温度は水星より高い（平均温度約 460 ℃，最高温度約 500 ℃）．公転周期は約 225 日で，自転周期は約 243 日である．ただし，自転方向は公転方向と逆になっている．

[*1] 地球が1公転する間に，水星は約 4.2 回太陽を周回する．

地球

地球はその表面に液体の水を大量にたたえ，多様な生物が生存することを特徴とする惑星である．地球の構造はすでに2章で詳しく述べたとおりであり，その形はほぼ**回転楕円体**（少しつぶれた球形）で，赤道半径は極半径に比べてやや長い．

火星

火星の直径は地球の半分ほどで，また，質量は地球の約 1/10 にすぎず，その表面での重力の強さは地球の 40 %ほどしかない[*1]．火星の公転周期は約 687 日であるが，自転周期は約 24.6 時間であり，地球のそれとほぼ等しい．

大気が薄くて酸素もほとんどないこと，さらに気温も低いことなどから，当初から火星人はいうまでもなく，その他の高等生物も存在しないと考えられていた．1976 年火星に着陸したバイキング探査機により，火星には現在はバクテリアのような微生物も存在しないことも判明した．

しかし，1996 年に火星起源の隕石を調べたところ，火星の古代に生息していたと思われるバクテリアの化石のようなものが発見され，火星の生命体への興味が再び高まっている．

木星（図 4.2）

木星は太陽系最大の惑星であり，その公転周期は約 11.8 年，自転周期は約 10 時間である．また，**大赤斑**とよばれる大きな渦の存在が特徴である．地球の 2～3 倍の直径をもつこの渦は，大きな台風ではないかと考えられているが，300 年以上もの長い期間安定して存在していることは興味深い．

図 4.2　メインスコープで撮った木星の画像

図 4.3　メインスコープで撮った土星の画像

[*1] イギリスの SF 作家ウェルズの小説「宇宙戦争」(1898 年)では，頭が大きく手足の細いタコ形火星人が描かれている．これは地球に比べて重力が小さいことに発想を得たものと思われる．

木星には多くの衛星があるが，そのなかでとくに有名なものは，**ガリレオ衛星**とよばれる4個の衛星（内側から順に，**イオ・エウロパ・ガニメデ・カリスト**）である．観測対象としてのガリレオ衛星の魅力と意義については，4.5節で詳しく述べる．

木星にも土星と同じく環があることが，1979年にボイジャー1号によって発見された．

土星（図4.3）

土星は木星に次いで2番目に大きな惑星であり，公転周期は約29.5年，自転周期は約10時間である．平均密度は惑星のなかでももっとも小さく，その値は $0.69\,\mathrm{g/cm^3}$ であり，木星の半分ほどしかない．水よりも軽いため，もし土星を浮かべられるほど大きなプールがあれば，土星は浮いてしまうことになる．

その内部には鉄やニッケルなどからなる中心核があると考えられており，また，表面は最上部にあるアンモニアの結晶に由来する白や黄色の縞が見られる．土星の環は小型の望遠鏡でも観察可能であり，そのため観望会でも人気のある天体である．

天王星

天王星は青緑色の惑星であるが，これは大気の主成分である**メタン**が赤い光を吸収することによる．また，土星・木星と同じく，天王星にも環が存在する．天王星の公転周期は約84年，自転周期は約17時間であるが，自転軸が公転面とほぼ平行になっているという特徴をもつ．これは，天王星ができ始めた頃に，大きな天体が衝突して横倒しになったためだと考えられている．

これまで紹介した惑星はすべて古代から知られていたが，天王星は18世紀になってイギリスの天文学者**ハーシェル**によって発見された．

海王星

海王星も天王星と同じくメタンが大気の主成分であるため青く見え，また，環をもつことも同様である．海王星の公転周期は約165年[*1]，自転周期は約16時間である．

海王星が発見されたのは1846年である．この発見は偶然ではなく，天王星の軌道がニュートン力学による予測と微妙にずれていることに注目した**ルベリエとアダムズ**が，天王星の外側にもう一つ未知の惑星があり，その重力の影響によってこのずれが生じたものと考え[*2]，ずれの原因となる未知の惑星の位置をそれぞれ独立に理論的に

[*1] 海王星の発見が1846年であり，その公転周期が165年であることから，海王星は発見されてからようやく1周したばかりである．

[*2] 重力は質量をもつすべての物体間で引力としてはたらくので，未発見の天体との間にも重力が作用する．

予測したことで発見されたものある.

その意味で，海王星は観測による発見に先だってその存在が理論的に予測された天体である[*1]．海王星発見の歴史は，惑星の運動を理解するうえで，ニュートン力学とニュートンの重力理論がいかに有効であるかを示す興味深い事例としても意義がある[*2]．

表 4.1 に惑星のいろいろなデータをまとめる[*3]．なお，「天文単位」については 5.1 節で説明する．

表 4.1　惑星のデータ

惑星	軌道長半径 [天文単位]	公転周期 [年]	軌道離心率	赤道半径 [km]	質量 (地球質量)	衛星の数
水星	0.387	0.241	0.206	2440	0.055	0
金星	0.723	0.615	0.007	6052	0.815	0
地球	1.000	1.000	0.017	6378	1.00	1
火星	1.523	1.881	0.093	3394	0.107	2
木星	5.202	11.862	0.049	71492	317.8	> 60
土星	9.555	29.532	0.056	60268	95.14	> 60
天王星	19.218	84.253	0.046	25559	14.53	27
海王星	30.110	165.227	0.009	24766	17.144	14

4.2　惑星の運動に関するケプラーの法則

夜空に明るく輝く木星や金星を肉眼で眺めるかぎり，その輝き方はほかの星と変わらないように見える．惑星とそのほかの星はどう違うのだろうか？　その区別は長期間にわたる観測を行えば明らかになる．夜空に見えるほとんどの天体は太陽系外にあり，それらの天体までの距離はきわめて遠い．そのため，天球上でたがいの位置をほとんど変えないので，これらの天体は天球に「貼り付いた」ように見える．星座の形が変化しないのはこのためである（天球については 6.2 節で説明する）．

一方，惑星のような太陽系内の天体は，太陽系外の天体と比べて近くに位置し，それぞれ異なる周期で太陽の周りを周回するので，天球上で複雑な軌道を描く．「惑星」つまり「惑える星」の名前そのものが，この複雑な動きに由来する．惑星の動きを説

[*1] 冥王星の発見も同じような歴史をたどった．

[*2] ニュートン力学による予測と惑星の実際の軌道との微妙なずれが天文学の歴史で注目されたもう一つの例として，水星がその軌道上で太陽にもっとも近づく点（水星の近日点）が，長い期間の間にわずかずつ変化しているという観測事実がある．この原因は，相対論的な重力理論である一般相対性理論の登場によって解明された．このように，天王星の軌道と水星の軌道で発見された，理論と観測結果の二つのずれが，一方は未発見の惑星の導入よって，もう一つは一般相対性理論の登場によって，というそれぞれ異なる解決のされ方がなされたことは大変興味深い．

[*3] 木星型惑星の衛星は今後新たに発見される可能性があり，その数は変わることもある．

明することは，過去の天文学の重要な課題であった．そして，これを自然に説明する考え方として提唱されたのが，コペルニクスの地動説である．**地動説**は，それまで長い間信じられてきた**天動説**に取って代わるものであり，人類の宇宙観に大変革をもたらすものであった．

その後**ケプラー**は，ティコ・ブラーエが長年にわたって行った精密な観測から得た膨大なデータを数学的に解析し，惑星の運動ではつぎの三つの法則が成り立つことを発見した．これを惑星の運動に関する**ケプラーの法則**という（図4.4）．

第1法則 各惑星は太陽を一つの焦点とする楕円軌道を描く．

第2法則 惑星と太陽を結ぶ線分（動径）が一定の期間内に描く面積は，惑星ごとに決まった大きさをもつ．

第3法則 惑星の公転軌道の長半径を a とし，その惑星の公転周期を P としたとき，P^2 は a^3 に比例する

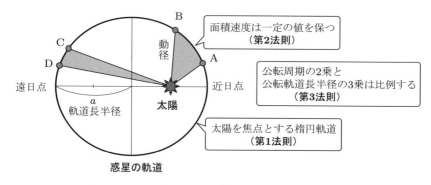

図4.4 ケプラーの法則

第1法則は惑星軌道の形に関する法則である．従来の天動説に基づいた惑星の運動論は，円軌道を前提として惑星の運動を説明していたため，その複雑な運動を理解するのに込み入った議論が必要であった．ケプラーの法則では，第1法則で楕円軌道を採用したことにより，惑星の運動を単純明快に理解できるようになった．第2法則は，惑星が軌道上を移動する仕方に関する法則であり，軌道上で太陽から遠い位置にあるときはゆっくりと，逆に太陽に近いところでは急ぎ足で移動することを表している．

第1法則と第2法則は，その内容からわかるように，個々の惑星の運行に関する法則である．一方，第3法則は，「各惑星の公転周期 P の 2 乗は，その惑星の公転軌道長半径 a の 3 乗に比例する」ことを明らかにしたもので，それは個別の惑星では

なく，すべての惑星に関係する法則である．第3法則を式で表すと

$$P_p^2 = \left(\frac{4\pi^2}{GM_S}\right) a_p^3, \quad (p = 1, 2, ..., 8) \tag{4.1}$$

となる．ここで下付きの添え字（サフィックス）p は，8個の惑星（$p=1$ から順に水星，金星，地球，火星，木星，土星，天王星，海王星）を意味する．また，G は万有引力定数，M_S は太陽質量を表す．

式(4.1)の右辺に現れる比例係数は，太陽の質量と万有引力定数の積だけで与えられ，それはすべての惑星の公転運動を支配する共通の定数があることを意味する．これが，ケプラーの第3法則は「すべての惑星に関する法則である」の意味である．第3法則は，第1・第2法則の発表から10年を経て発表されたものであるが，このことは，この第3法則の発見がいかに困難な作業であったかを示している．

図4.5は，太陽系の惑星の軌道長半径の3乗を横軸，公転周期の2乗を縦軸として，各惑星のデータをプロットしたものである[*1]．このグラフからも，8個あるすべての惑星のデータが一直線上に並んでいること，すなわち惑星の公転周期の2乗は公転軌道長半径の3乗に比例していることが確かめられる．

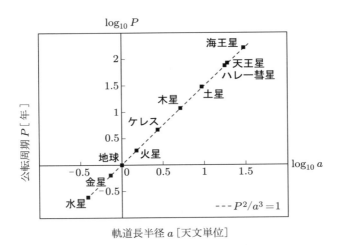

図4.5　惑星に関するケプラーの第3法則

ケプラーは，ティコ・ブラーエの観測データを解析することで惑星の運動で成り立つ法則の発見にたどりついたが，その法則がなぜ成り立つのかの謎を解くには至らなかった．この謎を解いたのがニュートンである．ニュートンは，つぎの三つの前提が

[*1]　図4.5の縦軸と横軸は対数目盛で表している．

成り立つならば，惑星の運動に関するケプラーの法則はすべて理論的に導くことができることを示した．

(1) 地上の実験で発見された物体の運動に関する力学の法則（これを**ニュートン力学**という）が惑星の運動にも適用できる
(2) 惑星・太陽間には万有引力が作用する
(3) 太陽の質量に比べて惑星の質量ははるかに小さい

ニュートンのこの成果は，ケプラーの法則に理論的な根拠を与えるものであるだけでなく，天体の運動に関しても地上で確かめられた力学の法則が適用できること，言い換えれば，地上の世界と太陽や惑星の世界は自然科学の観点からは同等であることを示すものでもあった．

ニュートンが導いた結論のもう一つの成果は，ケプラーの法則が単に惑星に対してだけ適用される法則ではなく，上で挙げた三つの前提が成り立つすべての太陽系天体（後で述べる彗星・準惑星・小惑星など）の運動に対しても成り立つことを示した点にある[*1]．さらには，惑星とその周りを周回する衛星たちがつくる天体系に関しても，それらの衛星の運動に関してケプラーの法則が適用できることを示している（この点に関しては，4.5節で詳しく調べる）．

☀ 4.3　準惑星と小惑星および太陽系外縁天体

★準惑星

1930年に発見されてから9番目の惑星として扱われてきた冥王星は，2006年の国際天文学連合の総会で**準惑星**として分類されることになった[*2]．太陽系内の天体に関する分類として準惑星が設けられたのはこの総会が初めてであり，それ以前は小惑星として取り扱われていたケレス（セレス）を含めて，これまでに5個の天体が準惑星に分類されている．表4.2に準惑星のデータをまとめる．ケレスを除いた4個の準惑星は，冥王星の外側を回る天体である．準惑星は必ずしもすべて同じ範疇に当てはまるとは言えず，それぞれ特色をもつことから，今後新しい観測データがそろってくることによって，これらの天体の枠組みも再度見直されることもあるかもしれない．

[*1] 図4.5の直線上には惑星以外の彗星・準惑星なども載っているが，これはこれらの天体に対してもケプラーの第3法則が成り立つことを示している．
[*2] 準惑星とは，惑星の定義から3番目（その軌道の近くにほかの天体が存在しない）を除いて，はじめの二つの条件を満たすものと定義されている．

表 4.2　準惑星のデータ

準惑星	軌道長半径 [天文単位]	公転周期 [年]	直径 [km]	質量 [kg]	衛星の数
冥王星	39.5	247	2306	1.305×10^{22}	5
エリス	67.8	559	2400	1.5×10^{22}	1
ケレス	2.77	4.60	952.4	9.45×10^{20}	0
マケマケ	45.5	307	1500	4×10^{21}	0
ハウメア	43.1	283		4.2×10^{21}	2

★ 小惑星・太陽系外縁天体

太陽系にはこのほかにも，小惑星をはじめとしてさまざまな天体が属する．つぎに，小惑星と太陽系外縁天体について調べよう．

小惑星

小惑星はいびつな形をした岩石状の天体であり，最大のものでも直径約 900 km と小さい．その大部分は，火星軌道と木星軌道の間の，太陽からの距離が 2〜4 天文単位の間に存在している．この領域を**小惑星帯**とよぶ．この領域に存在しているケレスは，以前は小惑星として分類されていたが，上で述べたように，現在は準惑星として別のカテゴリーでよばれることになった．

図 4.6 は，小惑星ジュノーを 1 時間ごとに観測した画像を重ねたものである．この図で真中の三つの光が 1 時間ごとのジュノーの位置であり，恒星の位置は動かないのに対し，ジュノーが確かに移動していることがわかる．

小惑星のなかには，地球に近づくものもある．とくに **AAA 天体**（軌道要素の違いによって分類された**アポロ群・アモール群・アテン群**の頭文字を取ったもの）とよばれる**地球近傍小惑星**は，地球に接近することから衝突の危険性をもつ．その反面，

図 4.6　小惑星ジュノーの画像

地球からの宇宙船が容易に到達しやすく，今後の科学的調査と商業開発において重要になる天体と考えられる．

太陽系外縁天体

海王星より外側にも太陽系に属する多数の小天体が存在する領域があり，この領域にある天体をまとめて**太陽系外縁天体**とよぶ．とくに，軌道半径が30〜48天文単位にある領域を**エッジワース・カイパーベルト**とよび，この領域に存在する小天体を**エッジワース・カイパーベルト天体**という．1990年以降，この領域に属する多くの天体が発見され，それが準惑星という分類を生み出す要因となった．エッジワース・カイパーベルトよりも外側にも多くの小天体の存在する領域が予測されている．

1990年頃までは冥王星が太陽系のもっとも外側の天体とみなされていたことから，冥王星までの領域が太陽系と考えられていた．しかし，上記のように多数の外縁天体の存在が確認されたことから，太陽系の範囲についての見直しが必要となった．太陽系の大きさに関してはいろいろな考え方があるが，一つの案として，太陽から放出された粒子（太陽風）が届く範囲を太陽系の領域と考えることができる．その場合，太陽系の範囲はおおよそ121天文単位（181億km）となる[*1]．

☀ 4.4 彗星

続いて，歴史上での注目度および姿・振舞いの特異性ため，大変興味深い太陽系天体である**彗星**について調べよう．彗星は，常に夜空に見えているわけではなく，一定の期間にかぎって観測できる天体である．特徴的な先端部分（これを**コマ**という）と長い**尾**をもち，太陽系内を移動している天体である．その動きは流星のように一瞬ではなく，長期間にわたって天球上を運行する．

ほとんどの彗星は暗く，肉眼での観測が困難である．しかし，いくつかの条件がそろった場合は，肉眼で観測することができるほど明るくなり，**肉眼彗星**とよばれる．もっとも明るい場合には月と同程度の明るさとなり，尾を含めた全長の視野が90°に達することもある．まさに夜空を横切って輝く天体が，突如として現れるわけである．

彗星は洋の東西を問わず不吉な現象とみなされていたので，古くから多くの学者によって詳細に調べられ，文献にも記録されてきた．中国では，始皇帝の時代に**ハレー彗星**の出現記録が見られる．日本でも，彗星が見られた年にはたびたび改元（元号を変更すること）が行われてきた．古代の人々にとって，夜空を横切るような尾をもつ

[*1] これは2012年8月25日頃，この境界を通過したボイジャー1号からのデータに基づいたものである．

大彗星の出現は驚嘆すべき天文現象であったし，それは現代に住む私たちにとっても同じような驚きを与える．その正体や起源が科学的に理解されたのはつい最近である．

彗星の正体

彗星は主に夜空で観測される現象であるが，広がりをもち，時間が経つと見えなくなる．このことから，古代においては，「天体（大気圏の外にある）か，気象現象（大気圏の中にある）か」の区別すら確立していなかった．アジアでは天体と思われていたが，西洋では長い間，アリストテレスの唱えた「彗星＝気象論」が支配的であった．望遠鏡が天体観測に使用されるようになってから，肉眼では見えない彗星の観測も可能となり，主に彗星の軌道に関する理解が進んだ．時代が進むと，望遠鏡による**スペクトル分析**や，探査機による**フライバイ**（接近通過）撮影，さらには，つい最近では彗星の表面に着陸してその表面の物質を調べることも可能となった[*1]．

彗星の正体は，直径約数 km，つまり小さな町ほどの大きさの氷の塊であり，それは「**核**」とよばれている．核の成分の 80 ％は通常の氷であるが，そのほかにガスとさまざまな化合物や砂粒のような塵（ダスト）を含んでおり，**汚れた雪玉**にたとえられる．一般に，核の形は球形ではなく，小惑星のようにゆがんだ形をしている．

彗星が太陽に近づくと，表面から気体を放出し，先端の「コマ」とよばれる明るい部分として観測される．また，気体は太陽から放出された粒子に吹き飛ばされ，長い尾として輝く．このとき，ダストとガス（イオン）の性質が異なるため，**ダストテイル**と**イオンテイル**とよばれる 2 種類の尾ができる．

彗星の軌道

彗星には何年かおきに太陽の近傍に戻ってくるもの（**周期彗星**）と，二度と帰ってこないもの（**非周期彗星**）とがある．一見したところ，偶然で予期しない現象にみえる彗星であるが，実は太陽の重力の影響下で整然と運動している天体であることが，**ニュートン力学**（運動の法則）と**重力の法則**を用いてその振舞いを調べることで明らかになった．周期彗星は細長くつぶれた形の楕円軌道を描き，非周期彗星は放物線軌道もしくは双曲線軌道上を移動するが，これらの軌道の違いは，**離心率** ε という数値で表される．離心率が $0<\varepsilon<1$ の場合が楕円となる．ε がちょうど1の場合が放物線，ε が1より大きい場合が双曲線である

離心率 ε のように，彗星の軌道を表すためには，その軌道に特有ないくつかの数（パラメータ）が必要である．それらのパラメータをまとめて，その彗星の**軌道要素**とい

[*1] 2014 年 11 月 12 日，欧州宇宙機関（ESA）の彗星探査機「ロゼッタ」に搭載された着陸機「フィラエ」が，チュリュモフ・ゲラシメンコ彗星への着陸に成功した．

う．新しい彗星が発見されたら，その彗星を継続的に観測し，得られた観測データに基づいて軌道要素を求めることが重要な課題となる．とくに，周期彗星の場合，軌道要素を求めることにより，つぎの出現の時期や出現場所を予測することが可能となる．

彗星の起源

彗星も惑星と同じく，ニュートンの法則に従って運動していることがわかった．では，なぜ彗星は惑星と異なり，きわめてゆがんだ軌道を描くのだろうか？ この問いは，彗星がどこから来たか，つまり**彗星の起源**と関係している．なぜなら，天体の軌道は，その天体の初期条件 ― つまり，「どこから・どのスピードで・どこへ向かって」出発したか ― がわかれば計算によって求めることができるからである．

彗星の起源は太陽系が形成された時期にまでさかのぼる．そのときに，太陽系の周辺部にできた主に氷を主成分とする天体（微惑星）の生き残りが，彗星の起源であると考えられている．具体的には，海王星軌道の外側にある**エッジワース・カイパーベルト**と，さらにその外側にあるとされている**オールトの雲**に，彗星の起源がある．これらの領域にある天体が，何らかの原因で太陽に向かって近づいた場合に彗星となる．

その意味で，彗星はまさに「**太陽系の化石**」ともいえる存在である．したがって，その組成の研究は，太陽系の起源を解き明かす重要な材料となる．彗星が発する光の分光観測により，彗星に含まれる元素を知ることができる．また，探査機によるフライバイ撮影では，表面の様子や核の形状も知ることができる．これらの観測は太陽系の起源，さらには生命の起源を解き明かすための重要な手がかりとなる．現在彗星の観測が注目を浴びているのは，その点に理由がある．

☀ 4.5 「ミニ太陽系」としてのガリレオ衛星系

ここまでは，太陽を周回する太陽系天体について調べてきたが，太陽系にはそのほかに，惑星の周りを周回する天体，すなわち惑星の衛星が存在する．惑星の多くがそれぞれ複数の衛星をもっていることは表 4.1 に示したとおりだが，ここでは木星の衛星を取り上げ，そのなかでもとくに明るい 4 個の衛星に注目する．これら 4 個の衛星を**ガリレオ衛星**とよぶ[*1]．いろいろな衛星のなかでガリレオ衛星に注目する理由の一つは，望遠鏡で見たときのその美しさにある．読者のなかにも，木星の近くで小さいが明るく輝くガリレオ衛星を見て感動した人も多いのではないだろうか？

[*1] 表 4.1 に示すように，木星はこのほかにも多数の衛星をもっているが，ほかの衛星に比べてガリレオ衛星の半径はとくに大きく，また，5 等級前後の明るさをもつことから，小型の望遠鏡でも観測することが容易である．そのため，ここではガリレオ衛星のみに注目して考察する．

4.5 ★「ミニ太陽系」としてのガリレオ衛星系　39

　ガリレオ衛星に注目するもう一つの理由は，以下で詳しく説明するように，木星とガリレオ衛星からなる天体系が，ケプラーの第3法則を検証するための「**宇宙に用意された実験室**」とみなせることである．具体的には，ガリレオ衛星の運動を1か月ほど継続観測することで，天文学上の重要な基本法則の一つであるケプラーの第3法則が成り立つことを，自分の観測データを用いて確かめることができる．自然科学としての天文学に興味をもつ人には，その意味でガリレオ衛星系は大変魅力ある天体系であるといえる．

★ ガリレオ衛星

　ガリレオは，1609〜1610年にかけて，当時発明されたばかりの望遠鏡を自分で製作し，それを夜空に向けて，それまで肉眼でしか観測できなかった宇宙をより詳しく観測した．その成果として得られたいくつかの新しい発見は，その後の天文学の基礎を築くことになる．彼はその著書「**星界の報告**」（1610年）の中で，望遠鏡を利用して得られた発見としてつぎの3点を報告した．

　(1) 月面は地球の地表と同じように凸凹である
　(2) 天の川やそれまで**星雲**とよばれていた天体は，無数の星からなる
　(3) 木星にまとわりつくように前後に運動している4個の**遊星**が存在する

　この著書に記載されている「4個の遊星」が，現在**ガリレオ衛星**として知られている木星の衛星である．

　ガリレオ衛星は，内側から順に「**イオ（Io）**」，「**エウロパ（Europa）**」，「**ガニメデ（Ganymede）**」，「**カリスト（Callisto）**」とよばれている．ガリレオは約2か月の観測から，これら4個の遊星が木星の衛星であることを見出した．さらにその成果に基づいて，当時の定説であった「宇宙の中心は唯一地球のみ」とする**天動説**に疑念を抱いたといわれている．

　表4.3にはガリレオ衛星に関するデータをまとめている．この表からわかるように，これらの4個の衛星のうちで，もっとも小さいエウロパを除くほかの3個の衛星（イオ・ガニメデ・カリスト）は，半径および質量とも地球の衛星である月よりも大きい[*1]．しかし，母惑星（月の場合は地球，ガリレオ衛星の場合は木星）に比べて，その質量の割合は月の場合が約100分の1であるのに対して，ガリレオ衛星は1万分の1よりも小さい．そのため，後に述べるように，木星とガリレオ衛星からなる天体系を，力学的には**ミニ太陽系**とみなすことができる．

[*1] 月よりも大きい半径と質量をもつものとしては，このほかに土星の衛星タイタンがある．

表 4.3　ガリレオ衛星のデータ

名前	半径 [km]	質量 [$\times 10^{20}$ kg]	公転半径 [$\times 10^4$ km]	公転周期 [日]	明るさ [等級]
イオ	1815	894	42.18	1.769	5.0
エウロパ	1569	480	67.11	3.551	5.3
ガニメデ	2631	1482.3	107.04	7.155	4.6
カリスト	2400	1076.6	188.27	16.689	5.6

　図 4.7 は，2012 年の終わりから 2013 年の初めにかけて，インターネット望遠鏡のサブスコープで撮った木星とガリレオ衛星の画像である．この図で，中心の大きな天体は木星であり，その周りの小さな天体がガリレオ衛星の画像である．これらの画像から，日が経つにつれて，4 個のガリレオ衛星と木星の位置関係が変化していることがわかる．その変化の仕方は，木星に対して 4 個の衛星が全体としてその位置を変化させたのではなく，ガリレオ衛星間の相互の配置を変えながら，それぞれが木星に対する位置関係も変化させている．

　図 4.7 は，もう一つの興味深い事実も示していることに気がついただろうか？　それを見るために，図中の恒星 HIP20417 に注目しよう．最初の画像にはこの恒星は映っていないことから，その観測時点では，それはサブスコープの視野外（画面の右

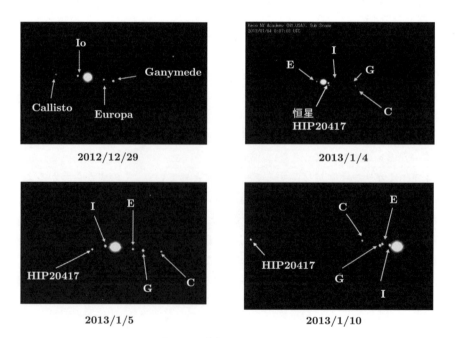

図 4.7　ガリレオ衛星の運動

側の枠外）にあったものと思われる．つぎの画面では，この恒星が木星の近くにあり，日が経つにつれてそれは画面の左側に移動している様子がわかる．恒星はほとんどその位置を変えないことを考慮すると，このことは，木星が宇宙空間を動いていることを意味する．

図 4.7 から明らかになったことは，ガリレオ衛星が木星と一緒に宇宙空間を移動しながら，木星の周りをそれぞれの軌道を描いて公転しているという事実である．これがいまから 400 年以上前にガリレオが発見した事実であり，彼はこの観測事実に基づいて，4 個の遊星は木星の衛星であるという結論を得た．この画像のように，木星とガリレオ衛星を観測することは，科学史に残るガリレオの偉業を容易に追体験させてくれる興味深い観測テーマであるといえる．実際に，数時間あるいは数日間ガリレオ衛星を継続観測するだけでも，その動きの素早さに大変感心させられ，この天体系のもつ不思議さに魅了されることだろう．

★ 木星とガリレオ衛星がつくるミニ太陽系

惑星の運動を観測してケプラーの第 3 法則が確かに成り立つことを自分自身で検証してみることは，大変興味深いテーマである．そのためには，いろいろな惑星の公転運動を継続観測する必要がある．しかし，木星の公転周期は 12 年近くであり，一番外側の惑星である海王星にいたっては，その公転周期は 165 年以上の長い年数であることから，残念ながらこの間一人で観測を続けることは不可能である．そこで注目されるのが，木星とガリレオ衛星からなる天体系である．

ケプラーの法則を理論的に導出したのはニュートンであるが，4.2 節で説明したように，ケプラーの法則が導かれるための前提は，対象となる天体系でつぎの 3 条件が満たされることであった．

(1) 天体に対しても，地上の物体と同じ運動法則（ニュートン力学）が成り立つ
(2) 太陽と惑星の間には**万有引力（重力）**がはたらいている
(3) 惑星の質量は太陽の質量に比べて非常に小さい

逆に言えば，これらの前提をすべて満たす天体系があれば，その系に対してもケプラーの 3 法則は成り立つことになる．

太陽と惑星からなる天体系はこの前提をすべて満たしている．また，木星とガリレオ衛星からなる系も重力で結ばれている天体系であり，ガリレオ衛星の質量は木星の質量に比べて非常に小さい（1 万分の 1 以下）ことから，ニュートンが挙げた前提をすべて満たす天体系であることがわかる（第 1 の前提は言うまでもなく成立すると考えられる）．このことは，太陽と惑星からなる天体系と，木星とガリレオ衛星から

なる天体系は，力学的には同等であることを意味している．言い換えれば，太陽を木星に置き換え，惑星をガリレオ衛星に置き換えれば，木星とガリレオ衛星からなる天体系は，力学的にはまさに「ミニ太陽系」とみなすことができる．

　また，ガリレオ衛星の場合には，公転周期が最長のカリストでもそれは 17 日弱であることから，観測にあたっての時間的な制約は，この場合は障害とはならない．このことは，惑星の運動を継続観測することで，ケプラーの第 3 法則を検証することは不可能であるとしても，それに代わるものとして，惑星系と力学的に同等なガリレオ衛星系を用いて，この法則を検証することが可能であることを示唆している．

　ガリレオ衛星系を利用してケプラーの第 3 法則を検証するための考え方およびその方法と観測例は，Part II の『観測 D』で紹介する．

5章
太陽 ― 地球生命の母なる天体 ―

　太陽は太陽系に属する天体のうちでただ一つの恒星である．太陽系の中心に位置し，太陽系全体の質量の 99.9 ％を占めていることから，太陽系において太陽がいかに特別な天体であるかがわかる．また，地球上の生命は太陽から届くエネルギーによって維持されていることから，地球生命にとって母なる天体ともいえる，かけがえのない存在でもある．

　一方で，宇宙には太陽のような恒星が無数にあり，近年は太陽以外にも惑星をもつ恒星の発見が相次いでいることから，ひょっとしたら地球のような生命体がいる惑星をもつ恒星もあるかもしれない．その意味では，太陽はありふれた恒星の一つにすぎないとも言える．

　太陽は地球の近くにあり，その性質を精密に調べることができるため，太陽から得られた知識は，恒星の構造を探る重要な手掛かりとなる．また，太陽は私たちの生活にきわめて大きな影響を与える天体であり，そのわずかな変動さえも地球上の生命に莫大な影響を与える．その意味で，太陽の構造・エネルギー源など，太陽を知ることは，天文学にとって，また日々の生活において大変重要である．

　加えて，太陽は日中に観測できる唯一の天体である．さらに，**日食**（部分日食・皆既日食・金環日食）という大変興味深い現象も起こる．太陽のもつこの特殊性は，天文学教育の観点から，また，多くの天文愛好者が天文現象に関心をもつ契機を提供してくれるという観点からも，大きな意味をもっている．

5.1　太陽までの距離と太陽質量

　太陽は地球からどれだけ遠くにあるのだろうか？　その距離を測るにはどのような方法があるのだろうか？　また，遠方にある太陽の質量を測定することは，果たして可能だろうか？　このような疑問をもったことのある人も多いのではなかろうか？

★ 太陽までの距離

　ここではまず，距離の測定から始めよう．

　太陽にかぎらず，さまざまな天体までの距離を測定することは，古くから人類が取

り組んできた困難な課題であると同時に，現代においても天文学上のもっとも重要かつ困難な課題の一つである．太陽系外の天体までの距離測定に関しては後ほど紹介するが，その測定にあたっては，まず近い天体までの距離を測定し，それを基準としてより遠くの天体までの距離を測定する，というように，いくつかのステップを踏むことになる．これを**宇宙の距離はしご**という．その最初のステップとなるのが地球と太陽間の距離であることからもわかるように，太陽までの距離測定は天文学においてきわめて重要な意味をもっている．

　太陽までの距離を最初に測定したのは，ギリシャの天文学者**アリスタルコス**であると言われている．図5.1は太陽までの距離を測定するアリスタルコスの方法を説明したものである．彼は，月が上弦または下弦の位置にあるときの地球から見た月と太陽の離角の大きさから，太陽は月よりも約20倍遠いという結論を導いた．いまから2200年以上前のことである．実際には太陽は月よりも約390倍遠いから，アリスタルコスの結論は太陽までの距離をはるかに小さく見積もったことになるが，それは離角測定の精度不足のためによるものであり，考え方そのものは間違っていなかった．その後，人類は今日まで2000年以上の長い間，より精度の高い測定結果を求めて，太陽までの距離を測る課題に挑戦してきたのである．

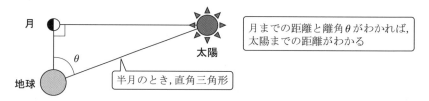

図 5.1　アリスタルコスの太陽までの距離測定法

　太陽までの距離を測る方法はいろいろ試みられているが，そのうちの一つとして，つぎのような測定方法がある．地球から金星までの距離は，地球から発射した**レーダー光線**が金星で反射されて戻ってくるまでの往復時間を測ることで求めることができる．残念ながら太陽に対してこの方法を用いることは不可能であるが，レーダー波を用いた金星までの距離測定とケプラーの第3法則を組み合わせることで，地球・太陽間の距離を測定することができる．

　具体的には，金星を中に挟む形で太陽・金星・地球が一直線上に並んだときを考える．このとき，金星の公転軌道半径を$a_{金}$，地球の公転軌道半径を$a_{地}$とすると，$a_{地} - a_{金} = a_{地}\{1 - (P_{金}/P_{地})^{2/3}\} = (c\Delta t/2)$ が成り立つ[*1]．ここで，$P_{金}$は金星の公転周

---

*1　ケプラーの第3法則から，$(a_{金}/a_{地}) = (P_{金}/P_{地})^{2/3}$の関係が成り立つ．

期，$P_\text{地}$は地球の公転周期，cは光の速さ，Δtはレーダー光線が地球・金星間を往復するのにかかる時間を表す．したがって，つぎの関係が成り立つ．

$$a_\text{地} = \frac{\frac{c}{2}\Delta t}{1 - \left(\frac{P_\text{金}}{P_\text{地}}\right)^{2/3}} \tag{5.1}$$

式(5.1)において，金星と地球の公転周期はすでに求められているので，金星が地球にもっとも近づいたときに地球・金星間をレーダー光線が往復する時間Δtを測定することで，地球の軌道半径（地球・太陽間の距離）を求めることができる．

天文単位

さまざまな天体までの距離を表すとき，それをメートル単位で表示すると，数字が大きくなりすぎてわかりにくい場合がある．太陽系天体の距離を表すときには，それが地球・太陽間の距離の何倍かという表し方がわかりやすい．そのため，主に太陽系の天体の距離を表すときに便利な距離の単位として，地球の公転軌道半径を基準にした距離の単位が考えられた．これを**天文単位（AU）**とよび，

$$1 \text{ 天文単位} = 149597870700 \text{ m} \tag{5.2}$$

と定められている．天文単位を用いれば，たとえば太陽・木星間の距離（木星の公転軌道の長半径）は5.2天文単位であると表示されるが，これは木星・太陽間の距離が地球・太陽間の距離の5.2倍（$= 5.2 \times 149597870700$ m）であることを意味している．

地球・太陽間の距離がわかると，太陽の見かけの大きさの半分（視半径）と地球・太陽間の距離から，太陽の大きさ（半径）が求められる．インターネット望遠鏡を利用すると太陽の視半径（約$0.267°$）は容易に測定でき，その結果を用いると，太陽半径は（角度を弧度法で表して）

$$\text{太陽半径} = 0.267 \times \left(\frac{\pi}{180}\right) \times 1.50 \times 10^8 \text{ km} = 6.99 \times 10^5 \text{ km} \tag{5.3}$$

となり，その値は約70万kmであることがわかる．

★ 太陽質量

天体までの距離測定が長い歴史をもっていることは先ほど説明したが，その一方で，天体の質量を求める試みの歴史は比較的新しい．その理由は，天体の質量という概念自体が，18世紀後半のニュートン力学の誕生まではなかったためである．

天体の質量を求める方法はいろいろあるが，惑星をもつ恒星や，衛星をもつ惑星，

および**実視連星**（連星のそれぞれが観測で見えている系）などについては，力学的な考察により，それらの天体の質量を測定することが可能となる．太陽の質量も力学的な方法（この場合はケプラーの第3法則）を用いて求めることができる．ケプラーの第3法則は式(4.1)で表され，惑星として地球を考えれば，この式は

$$P_E^2 = \left(\frac{4\pi^2}{GM_S}\right)a_E^3 \tag{5.4}$$

となる．ここで，P_E と a_E はそれぞれ地球の公転周期と公転軌道長半径を，また M_S は太陽の質量を表す．式(5.4)は

$$M_S = \left(\frac{4\pi^2}{G}\right)\left(\frac{a_E^3}{P_E^2}\right) \tag{5.5}$$

と書き換えられるので，右辺の P_E，a_E および G の測定値を代入すると，太陽質量として $M_S = 1.989 \times 10^{30}$ kg が得られる[*1]．

太陽の質量と半径が求められたので，平均密度を計算すると，その値は 1.408 g/cm³ となる．地球および木星の平均密度がそれぞれ 5.515 g/cm³ と 1.326 g/cm³ なので，太陽は地球のような岩石で構成されている星ではなく，木星と同様に，ガスが集まってできている天体であることが理解できる．6章でも述べるように，太陽のような恒星は，宇宙空間内に広がった星間ガスが重力の影響で集まってできたものと考えられている．

太陽に関するこれらのデータを表5.1にまとめる．この表からわかるように，太陽の半径は地球の約110倍，質量は約33万倍という巨大な天体である．このような特徴をもつ太陽とは，どのような天体なのだろうか？

表5.1 太陽に関するデータ

距離 [m] (1天文単位)	太陽半径 [km]	太陽質量 [× 10^{30} kg]	平均密度 [g/cm³]
149597870700	695500	1.9891	1.408

☀ 5.2 太陽の構造

つぎに，太陽の構造をみていくことにしよう．太陽内部のおおまかな状態については，現時点でほぼ解明されていると考えられている．それによると，太陽はいくつかの層から成り立っており，それぞれの層の状態や温度などがたがいに異なっている．詳細に観察できる太陽表面はともかく，直接見ることができない内部構造がなぜわかるのかを疑問に思うかもしれない．その理由は，地上で導かれた物理法則や実験室で

[*1] P_E は1年の長さであり，a_E は式(5.2)に与えられている．また，万有引力定数も地上の実験で測定できる．

得られたデータをもとにして，太陽内部のいろいろな場所における温度・圧力などの物理量を理論的に計算できるからである．これは，地震などのデータから間接的に地球内部の構造を推定することができるのと同じ理屈である．このようにして解明された太陽内部を含めた太陽全体の層構造を，外側から内側に向かって見ていこう．層構造のおおまかな様子をまとめると，図 5.2，表 5.2 のようになる[*1]．

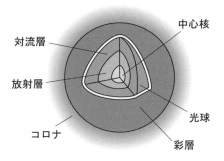

図 5.2　太陽の層構造

表 5.2　太陽の層構造

層の名前	特徴
コロナ	200 万 K の高温で希薄な大気層
彩層	約 1 万 K の希薄な大気層
光球	肉眼で見える層
対流層	エネルギーが対流で運ばれる層
放射層	エネルギーが放射で運ばれる層
中心核	核融合反応が起こっている層

コロナ

太陽の一番外側に広がっている大気層を**コロナ**という．コロナは 200 万 K の高温状態にある希薄な大気層であり，普段は見ることができない．しかし，皆既日食の際には真珠色の淡い光として観察することができる．また，**コロナグラフ**とよばれる望遠鏡を利用すると，太陽面からの邪魔になる光を人工的に遮ることで，コロナを常時観測することができる．コロナには平均よりも暗く，冷たく，密度が低い領域があり，これを**コロナホール**とよぶ．コロナホールは，X 線で太陽表面を観測するとその存在を確認できる．なお，5.5 節で述べるが，コロナの外側には境界がなく，**太陽風**とよばれるガスの流れがコロナから流れ出ているため，近傍の惑星は希薄な太陽大気に浸されている．

彩層

コロナの内側には，約 4200 K 〜 1 万 K の希薄な大気層からなる**彩層**があり，電離した水素原子が出す赤い光（**Hα 線**とよぶ）を発するが，光球の出す強い光に邪魔されて，通常は肉眼で見ることは難しい．ただし，皆既日食時には，皆既となった直後や皆既が終わる直前に，黒い太陽の縁にごく薄く赤色またはピンク色に輝く層とし

[*1]　表 5.2 の K は絶対温度の単位であり，摂氏マイナス 273 度を零度とする温度である．

て観測することができる．ほんのわずかの時間しか観察できないが，これは彩層の厚さが 3000 km 程度しかないため，日食の進行によってそこから出る光線が，月によってすぐに遮られてしまうからである．

また，温度には幅があり，コロナに近い部分ほど高温であることもわかっている．彩層の一部が**磁力線**に沿ってコロナ中に突出したものを，**プロミネンス**(紅炎)という．皆既日食の際に，月に隠された太陽の縁から立ち昇る赤い炎のように見えることから名づけられ，その高さは数 10 万 km になる．プロミネンスが赤く見えるのは，彩層と同様に，主に Hα 線を放射しているためである．Hα 線を選択的に通す太陽望遠鏡を用いれば，通常時でもプロミネンスを観察することができる．プロミネンスは太陽観察の醍醐味の一つでもある．インターネット望遠鏡を利用したプロミネンス観察については，Part II の『観測 E』で詳しく述べる．

光球

コロナや彩層は，通常では肉眼で見ることができない．肉眼で見えるのは，その下にある**光球**とよばれる層である．光球の厚さはわずか 300 km で[*1]，平均的な温度は 5800 K である．光球の観察方法については，図 5.3 のように小口径の**屈折式天体望遠鏡に太陽投影板**を取り付け，そこに太陽像を投影するのが一般的である．そのようにして観察した太陽像は，一見すると一様に見える．しかしよく見ると，黒い斑点状のものがあり，これを**黒点**とよぶ．

これとは逆に，太陽の縁近くでは明るく輝く斑点が見られることもあり，これを**白斑**とよぶ．黒点は周りに比べて 1800 K ほど温度が低く，白斑は 600 K ほど高くなっているため，黒点は黒く，白斑は白く見える．小型望遠鏡で観察できる主なものは，黒点の様子である．また，よい観測条件のもとで大型望遠鏡を使って光球を観察する

図 5.3　投影板を利用した太陽観測（成田堅悦氏 提供）

[*1] 太陽の半径は約 70 万 km もあるため，それに比べて光球の厚さはきわめて薄い．

と，小型望遠鏡では一様に見えていた光球面が無数の米粒をばらまいたように見えてくる．これを**粒状斑**といい，それは数分後にはまったくその模様が変わってしまうほど激しく変化している．

対流層

光球より内側にある層を直接見ることはできない．しかし，理論的計算により，光球のすぐ内側にはエネルギーが対流で運ばれる**対流層**があると考えられている．対流層が存在する理由は，太陽の熱のほぼすべてが中心部で発生しているためである．直感的には，水を入れた鍋の底を熱している状態を考えるとわかりやすい．鍋の底からエネルギーが供給されているので，底から表面に向かって上昇流が起こり，熱を表面に運ぶ．上昇流で底から表面に移動した水は，そこで熱の一部を放出して冷やされて鍋の底に沈み，そこでまた熱せられ上昇する，ということを繰り返す．

このことは日常生活でよくみられる現象であるが，それと同じことが太陽の対流層でも起こっている．ただし，水のような液体ではなく，気体の上昇下降が起こっている点が異なっている．また，この対流層が，先に述べた光球上の粒状斑をつくり出している．つまり，太陽内部からの対流の上昇部が明るく，その周りで低温の気体が下降するところが暗く見えているのである．また，粒状斑の直径は，数百 km から数千 km 程度である．なお，対流層の厚さは，20 万 km 程度であると考えられている．

放射層

対流層の内側には，**放射層**とよばれる層があると考えられている．これは，さらにその内側にある中心核が冷えないように保温の役割を果たしている．太陽中心部で生産されたエネルギーは，電磁波の形で放射層を通過する．放射層は密度が大きいため，電磁波は散乱されてあちこちに飛びまわり，長い時間をかけて放射層を通過する．

中心核

放射層の内側には，太陽の中心部分となる**中心核**がある．中心核は太陽の中心から太陽半径のおよそ 0.2 〜 0.25 倍の範囲に広がっていると考えられている．中心核は，**プラズマ状態**（気体が電離した状態）にある高温で高密度のガスからできており，その密度は 0.15 g/cm^3，温度は 1500 万 K と推定されている．なお，先にも述べたように，太陽のエネルギーはすべてこの中心核から生み出されている．そして，そのエネルギーは主に電磁波の形でさまざまな層を経て，最終的に宇宙空間に放出されている．

5.3 太陽のエネルギー源

太陽は惑星とは異なり，自ら光を放っている恒星の一つである．太陽が誕生してからすでに46億年が経過していると考えられているが，この間大きく変化することなく輝き続けている．このことが，地球に生命の誕生と進化とをもたらしたことは疑いようのない事実である．

太陽がこれほどの長期間にわたって，莫大なエネルギーを放出し続けていられることは大きな驚きであり，それを可能にするそのエネルギー源は何かという疑問がわく．人類はつい100年ほど前まで，この素朴な疑問に対する答えをもっていなかった．ここで，この疑問のもつ不思議さの意味を見直してみよう．

太陽が毎秒放出するエネルギー量を求めるには，まず太陽が真上にあるとき，太陽から地表の単位面積（$1\,\mathrm{m}^2$）あたりに送られてくるエネルギー量を測定すればよい．これは地上の観測で求められる量であり，その測定値は約 $1.37 \times 10^3\,\mathrm{J/(m^2 \cdot s)}$ である[*1]．これを**太陽定数**とよぶ．

図5.4のように，太陽はあらゆる方向に同じ割合でエネルギーを放出していると考えられるので，太陽を中心として太陽・地球間の距離（1天文単位）を半径とする球面上のすべての点に，太陽定数に等しいエネルギーが太陽から届く．したがって，太陽が単位時間（1秒）あたりに放出するエネルギー量は，（太陽定数×球面の面積）＝ $3.87 \times 10^{26}\,\mathrm{J/s}$ となる．これが太陽が毎秒放出する全エネルギー量である．この値はあまりにも大きすぎて実感しにくいかもしれないが，それは日本の1年間の電力消費量（約 $3.6 \times 10^{18}\,\mathrm{J}$）の約1億倍に等しい．言い換えれば，日本がいまのペースで電力を消費したとして，電力として使用するエネルギー量の約1億年間分を，太陽は1秒間に放出していることになる．

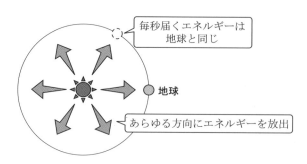

図5.4　太陽エネルギーの放出

[*1] J（ジュール）はエネルギーの単位で，m（メートル）は長さの単位，s（秒）は時間の単位を表す．

このような莫大なエネルギーを長期間にわたって供給し続けることを可能にする，そのエネルギー源について考えてみよう．いまから100年あまり前まで，人類はエネルギー源としては石炭や石油などの化石燃料しか知らなかった．仮に太陽が石炭でできているとして，そのエネルギー源は石炭の燃焼によって生み出されているものと考えてみる．上で求めた単位時間あたりの太陽の放射エネルギーを賄うためには，毎秒何kgの石炭を燃やすことが必要であるかは計算可能である．また，そのペースで石炭を燃やし続けたとき，石炭からできている仮想的な太陽が燃え尽きるまでにどれほどの年数が必要かも容易に計算できる．その結果，この仮想的な太陽は1万年弱の短い年数で燃え尽きてしまうことがわかる．これは，石炭の代わりに石油を想定した場合でも同様である．

このようにして求められた年数は，太陽の年齢に比べてあまりにも短すぎること，その結果として，太陽のエネルギー源は石炭や石油などの化石燃料の燃焼によるものではないことが明らかになった．しかし，20世紀の初めには化石燃料に代わる有効なエネルギー源に関して人類は何の情報ももっていなかったことから，太陽のエネルギー源の正体は人類にとって大きな謎であった．

この謎を解く鍵となったのは，20世紀の初め頃に急速に進歩した現代物理学（この場合，**特殊相対性理論**と**量子物理学**）の成果である．現代物理学が明らかにしたことは，太陽のエネルギー源は水素の**核融合反応**によって生み出されていることである．以下では，その概要について簡単に説明しよう．

5.2節でみたように，太陽の中心部にある中心核はきわめて高温・高密度の状態である．太陽の主成分は水素であるため，高温・高密度状態の中心核内では，プラズマ状態にある水素の原子核どうしが激しい衝突を繰り返している．このとき，4個の水素原子核が1個のヘリウム原子核に変わる $4H \Rightarrow He$ という核融合反応が起こる[*1]．

この反応の前後では，素材となった4個の水素原子核 ^1H の質量の和に比べて，生成された1個のヘリウム4（^4He）原子核の質量は小さくなる．核融合反応で質量が失われる現象を**質量欠損**という．このときに失われた質量はエネルギーに変換されるが[*2]，失われた質量 ΔM と生み出されたエネルギー ΔE には，つぎの関係がある．

$$\Delta E = \Delta M c^2 \quad (5.6)$$

ここで，c は光の速さを表す．これが太陽のエネルギー源であり，この反応で生み出

[*1] 水素やヘリウムなどの軽い原子核が合体してほかの原子核になる反応を核融合，逆に，ウランなどの重い原子核が分裂してほかの原子核になる反応を核分裂という．

[*2] 特殊相対性理論は，質量とエネルギーは同等であり，その変換を起こす物理現象によってたがいに移り変わることを明らかにした．この結果，核融合反応などの現象によって欠損した質量は，式(5.6)の関係で表されるエネルギーに変換される．

されたエネルギーは，反応の途中で生成されるγ線[*1]やニュートリノ（ν_e）[*2]によって太陽表面に運ばれ，そこから宇宙空間に放出される．

　水素の核融合反応で生み出されるエネルギー量は式(5.6)を用いて求めることができ，それを用いると，太陽中心核での水素の核融合反応で毎秒どれだけの水素が消費されているかを計算することができる．中心核にある水素の量は太陽全体に含まれる水素の10%前後であることを考慮すると，その水素が核融合反応で消費し尽くされるまでの年数を求めることもできる．その結果，100億年あまりの長期間にわたって太陽はいまの状態を保ち続けることがわかる．これで，人類にとって大きな謎であった，太陽のエネルギー源に関する疑問が解けた．

　太陽がいまの割合でエネルギーを放出し続けるとき，石炭などの燃焼では1万年ももたないのに対し，水素の核融合反応では100億年近くももつことがわかった．その違いは，前者が燃焼という化学反応であり，関与する力が電気力であるのに対して，後者は原子核の変換を伴う反応であり，核力が関与する物理現象である点にある．ニュートン力学とニュートンの重力理論が惑星の運動を解明したように，20世紀になって発展した現代物理学の成果が太陽エネルギーの謎を解き明かしたことになる．天文学の歴史におけるこれらの例は，天文学と物理学の密接な関係を示している．

太陽ニュートリノ

　太陽中心核における核融合反応では，γ線のほかにニュートリノも放出される．γ線は太陽内部の物質と相互作用するために，表面に達するまでに長い時間がかかるだけでなく，途中で波長の長い電磁波に変化するので，太陽表面から放出される電磁波の観測だけでは，太陽中心部の生の情報収集には限界がある．一方，ニュートリノは物質とほとんど相互作用しないことから，放出されたニュートリノは太陽内部の物質に妨げられることなく，短い時間で太陽の表面から抜け出して，その一部は地球に到達する．このようなニュートリノの性質は，太陽中心核の現時点での情報を探るうえで重要な役割を果たす．太陽から届く「文」として，ニュートリノが重要な意味をもつのはこのためである．

　1960年代にアメリカで始まった太陽からのニュートリノ（これを**太陽ニュートリノ**とよぶ）測定は，その後日本・カナダも加わって精力的な観測が続けられた結果，太陽エネルギー源に関するそれまでの知見の正しさを検証すると同時に，素粒子としてのニュートリノに関する理解を深めることになった．

[*1] γ線は波長の短い電磁波である．図1.1を参照のこと．
[*2] ν_eは電子ニュートリノを意味する．ニュートリノには，電子ニュートリノとミューニュートリノおよびタウニュートリノの3種類があるが，太陽内部の核融合反応で生成されるのは電子ニュートリノである．

5.4 太陽の観察

5章のはじめでも述べたように,太陽は日中に観測することのできるただ一つの天体である.ただし,太陽からの放射はとても強力であるため,直接それを見ると目を痛めてしまうことがある[*1].ここでは,太陽を観測する場合の注意点と,基本的な観測テーマについて記しておこう.太陽を観測するためのもっとも手っ取り早い方法は,**日食メガネ**を利用することである.これにより,太陽表面(つまり光球)の様子を観察することが可能となる.日食メガネ以外で太陽を手軽に観察する別の方法として,5.2節でも述べた投影板を利用する方法がある.

投影板に映し出された太陽の像をよく見ると,中心部がもっとも明るく,周縁部近くではどんどん暗くなっていることがわかる.これは,太陽の縁に行くほど温度の低い浅い部分からの光を見ているためであり,これを**周辺減光**とよぶ.また,投影板を用いると黒点が観察できるが,黒点をよく見ると,中心部の暗い部分(暗部)とその周辺の薄暗い部分(半暗部)とからなっていることがわかる.黒点は群れをなして現れることが多く,寿命は10日程度である.さらに,黒点を数日間観察していると,東から西へ動いていることがわかり,これは太陽が自転しているためである.その移動の様子を詳しく見ると太陽の自転軸がわかるが,そこから地球と同じように,赤道や緯度を決めることができる.これを**日面緯度**(にちめんいど)という.この場合,地球の北と同じ方向に見える極を太陽の北極,南と同じ方向に見える極を太陽の南極とする.また,自転速度は赤道部で最大で極に近くなるほど遅くなるが,このことにより,太陽が固体でないこともわかる.

より本格的な太陽観察をしたい場合は,**太陽望遠鏡**を利用することになる.太陽望遠鏡とは,太陽の観測に特化した天体望遠鏡のことであり,それ以外の目的には使われない.近年はHα線で太陽を観測するタイプのものが広く出回るようになってきている.太陽望遠鏡を利用すると,通常は見ることができない彩層やプロミネンスの観察が可能となる.太陽望遠鏡を用いた観測例については,Part II『観測E』で紹介する.

太陽観測のつぎのテーマとして,太陽からくる光の波長を調べることを考えよう.太陽光線にはさまざまな波長の光が含まれているので,**プリズム**を使って分解する.プリズムは,波長により異なった角度に光線を屈折させる性質があるため,太陽光を光の帯のような形で観察することが可能となる.この光の帯を**スペクトル**とよぶが,

---

[*1] 太陽は大変興味深い観測対象であるが,それを直視したり,あるいは望遠鏡を通した場合でもその像を肉眼で見たりすると目に障害を引き起こす場合もあることから,通常の星空観察にはない危険が伴うことに注意する必要がある.

これはちょうど虹のようなものを想像するとよい．

虹だと七つの色が連続的に変化している様子を思い浮かべると思うが，プリズムを利用することで観察できる太陽光のスペクトルには，数多くの**暗線**が見られる（図5.5）．この暗線を**フラウンホーファー線**とよぶ．暗線が多数できる理由は，太陽内部に含まれる元素が，それぞれ固有の波長の光を吸収するからである．これらの暗線を吸収線とよぶ．逆に言うと，フラウンホーファー線を詳しく調べることで，太陽内部に存在する元素の種類と存在量を知ることができる．それによると，太陽の元素組成は，大部分が水素（92%），次いでヘリウム（約8%）で，その他の元素は全部合わせても約0.1%にすぎないことがわかっている．

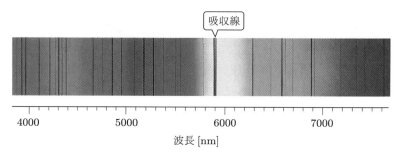

図 5.5　太陽スペクトル

ここでは太陽から届く光のスペクトル観測の方法とその意義を説明したが，この観測テーマは太陽以外の恒星に対しても有効である．

5.5　太陽と地球環境

地球上の生命体にとって，太陽は欠かすことのできないエネルギー源である．太陽は基本的には安定した状態にあるが，そのちょっとした変化が私たちの暮らしにも大きな影響を与える．そのため，太陽の性質に関する説明の最後として，太陽活動が私たちに与える影響について簡単にみておこう．

5.2節で述べたように，太陽のもっとも外側の層はコロナである．コロナの温度は約200万Kであり，中心核には及ばないものの，彩層や光球に比べるときわめて高温である．このため，コロナの中では水素原子やヘリウム原子が，中心核と同様にイオンと電子に電離している．これらのイオンや電子といった荷電粒子は高速で動き回るため，一部は太陽の引力を振り切って太陽から離れていく．太陽から放出される荷電粒子の流れを**太陽風**とよぶが，それは秒速300〜900 kmにもなる猛烈な勢いで地球付近を通過する．この高速な荷電粒子が地上に直接降り注ぐと，地球の生命体に

大きな被害を与えることになる．幸運にも地球には磁場があるため，地球に吹き付ける太陽風は**地磁気**の影響を受けて曲げられる．そして地球の周りを避けて通ることになるため，太陽風が安定していればとくに問題はない．

　しかし，黒点付近の彩層では，突発的に多量のエネルギーが放出される**フレア**とよばれる現象が不定期に起こる．これはコロナの一部が爆発し，彩層を熱するために起こる現象である．ひとたびフレアが発生すると，強烈な荷電粒子が放出されるが，それが地球に到達すると，地磁気に異常変化を起こすことになる．これを**磁気嵐**とよぶ．磁気嵐が起こったときには，荷電粒子が地球の磁力線に沿って高緯度地方の地球大気に侵入する．そのため，北極や南極付近では**オーロラ**が観測されることになる．また，フレアの発生に伴って強いX線や紫外線も放射されるが，これが地球上空の**電離層**にも影響を与え，通信障害などを引き起こすことが知られている．この現象を**デリンジャー現象**という．

　太陽は，11年の周期で活動が変化していることがわかっている．太陽活動が活発な時期には黒点の数が増え，これを太陽活動の**極大期**という．先に述べたフレアも，太陽活動の極大期に発生頻度が高いことがわかっている．一方で，太陽活動が不活発な時期には黒点がほとんど見られず，これを太陽活動の**極小期**とよぶ．そして，太陽活動に連動して，黒点の数は約11年周期で増減を繰り返している．黒点数がきわめて少なくなった時期としてよく引き合いに出されるのが，**マウンダー極小期**である．この時期に相当する1645～1715年の間に観測された黒点数はきわめて少なかったが，その期間中は北半球の平均気温が0.6℃低下し，ロンドンのテムズ川が凍ってスケートができたと伝えられている．

☀ 5.6　日食

　つぎに，太陽が見せる印象深い現象の一つである日食について説明しよう．日食とは，太陽の前を月が通って，太陽の光を覆い隠す現象である．この現象を，太陽を中心とした視点から見てみよう．

　地球は太陽の周りを公転しているが，同じく月も地球の周りを公転している．地球の公転周期が約365日であるのに対して，月の公転周期は約27日であるため，地球と太陽の間に月が入り込むことが約1か月に1度の割合で起こる．これは月相でいうと，新月の状態に対応する．ただし，地球の軌道面に対して月の軌道面は5.2°ほど傾いているため，基本的には太陽・月・地球が一直線上に位置することはない（図5.6参照）．しかし，地球と月の軌道面の交わる場所付近で新月になった場合は，三つの天体はほぼ一直線上に並び，月の影の一部が地上のどこかにかかり，日食となる．

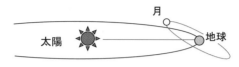

図 5.6　太陽と地球および月の位置関係

　より詳しく考察するために，今度は地球を中心とした視点から見てみよう．天球上での太陽の通り道を**黄道**，月の通り道を**白道**という．黄道と白道が完全に一致していれば新月ごとに日食となるが，先にも述べたように，両者は 5.2°ずれている．そのため，日食が起こるのは，太陽と月がともに黄道と白道の交差する点付近に存在するときである．月と太陽の大きさを考慮すると，月が黄道より 1.5°以内にあるときに新月になると日食が起こる．この範囲は，黄道と白道が交わる点の前後 30°ほどに該当する．太陽はこの間を 30 日ほどで黄道を移動するが，月は 29.5 日で 1 周するので，その間に 1 回は新月になる．したがって，地上全体で見ると，おおざっぱに言って，毎年 2 回日食が起こる．

　このように考えると，日食はそれほどまれではないと思われるかもしれない．しかし，これは地球全体で見た場合であって，ある特定の地域で見るとかなりまれな現象である．特定の地点で一部でも欠ける部分食が見られる割合は，平均して数年に 1 度程度と言われている．見ることのできる範囲が非常に狭い**皆既日食**や**金環日食**の場合は，特定の地点で観察できるのは数百年に 1 度程度である．

　ここで皆既日食と金環日食について，若干の解説をしよう．地球から見ると，月と太陽はほとんど同じ大きさに見える．もちろんこれは，月と太陽の大きさの比率と，地球からそれらの天体までの距離の比率がほぼ同じであるという偶然のなせる業である．そのため，部分日食ほど頻繁には起こらないが，ときどきは月が太陽を完全に覆い隠す皆既日食が起こる．また，3 章でも述べたように，月の見かけの大きさは一定ではないので，月が太陽のすべてを隠しきれないときは金環日食になる．

　日食の観察方法としては，先ほど述べた太陽の観測と同じく日食メガネ，太陽投影板を着装した望遠鏡，太陽望遠鏡を利用するのが一般的である．しかしそれ以外にも，おもしろい方法がいろいろある．その一つが，**ピンホール効果**を利用する方法である．厚紙にあけた小さな穴を通した太陽の光を白い紙に映すと，太陽の形がわかる．穴は円型でなくてもよく，地面に映った木漏れ日でも太陽の形がわかる．また，小さな鏡で太陽の光を反射させ，壁などに投影した太陽の形を観察する方法もある．この場合には小さな鏡がピンホールと同じはたらきをして，太陽の形が映し出されるのである．大きな鏡でも，鏡の一部のみ残して黒い紙などで覆うようにすれば利用可能である．

6章 いろいろな恒星とその進化

　太陽系を抜け出すと，そこは恒星の世界である．晴れた日の夜に空を見上げると，たくさんの星が輝いているのを見ることができる．都会では街明かりが邪魔をしてあまり多くの星は見えないが，それでもいくつかの星を見つけることができるだろう．これらの大部分は，太陽と同じく，自らが光を出して輝いている**恒星**とよばれるものである．

　これらの星のなかでもとくに明るいものには昔からそれぞれに固有の名前がつけられ，洋の東西を問わずに親しまれてきた．また，惑星と違って恒星はその位置をほとんど変えないことから，それらの星々の分布から発想を得て，神話を題材にした多くの**星座**もつくられている．これらの星座は，目的の星を探すうえで大きな手がかりを与えてくれる．恒星の世界への入門として，星座の話から始めよう．

6.1 星座

　星空観望のなかでも，星座を探すことはもっとも基本であり，またとても楽しいことでもある．星空に興味がなくても，**黄道 12 星座**，とくに自分の星座を探すとなるとがぜん興味をもつことも多い．とくに，明るい星がある**おうし座・ふたご座・しし座・おとめ座・さそり座**などは見つけやすいため，初心者にもお勧めである．図 6.1 はインターネット望遠鏡の広角スコープを利用して撮影したオリオン座である．

　本格的に星座を学ぶにはいくつか困難な理由が存在するが，ここではそのうち二つを挙げておく．一つめの理由は，星座に関するよい文献は英語・ドイツ語などで書かれていることが多く，日本語のものが少ないことである．たとえば，星座のルーツについては，「紀元前 3000 年頃，カルディア人（新バビロニア人）の羊飼いたちが，夜に羊の番をしながら星座をつくっていった」と書いている日本語の古い星座解説本がある．星座のルーツがギリシャでないことは確かに正しいものの，そもそもカルディア人が活躍したのは紀元前 1000 年頃であることから，この記述は明らかに間違っている．星座の起源については完全に解明されたわけではないが，古代オリエント研究

図 6.1　オリオン座
　　　　（2009年08月28日，ミラノにて広角スコープで撮影）

の進展により，農耕民族のシュメール人たちが最初に星座をつくったというのが定説になっている．残念ながらシュメール人が星座をつくった直接的証拠は見つかっていないが，メソポタミア地方で使われている星座の名前がシュメール語で書かれていることから，星座をはじめてつくったのはシュメール人であり，それに続くメソポタミア地方の人たちが星座を発展・整理させていったと考えられている．

　このように，バビロニアで生まれた星座はギリシャに伝わり，ギリシャ神話と結合して発展していった．これらは**トレミーの 48 星座**として，北天の代表的星座となる．近世には，**きりん座やいっかくじゅう座**など，それらの隙間を埋める星座も提案されていった．南天の星座は 17 世紀にドイツの**バイエル**たちが，**ほうおう座**，**はちぶんぎ座**など新しい星座を提案した．一時期は 100 を超える星座が誕生したが，現在は国際天文学連合が定めた 88 星座に落ち着いた．

　もう一つの理由は，一般に，その図形からイメージされるものと星座の名前とは必ずしも一致しないことである．星座はあくまでシンボルであるため，星を結んで得られる形から星座が推察できないことに注意しよう．いずれにしても，古代バビロニアやギリシャ神話の宗教的な背景をもたない私たちには，星の配列のみから星座を見つけるのは困難である．

　このような困難はあるが，現在の日本に住む私たちにとっても，明るい星を探す手がかりの一つとして，重要で見つけやすい星座について知っておくことは意味がある．

　星座の話はこのくらいにして，以下では，恒星を含むさまざまな天体の位置の表し方について説明しよう．

6.2 天体の位置を表す座標系 — 地平座標と赤道座標 —

建物や公園などの位置を表すには，通常は住所表示が使用されている．これは，たとえば東京都港区何丁目何番地という表示の仕方である．このとき，ほとんどの場合，目的地の海抜が表示されることはない．その理由は，海面からの高さの違いは，地球の半径に比べて無視できるほど小さく，その違いが問題となることは少ないからである．

宇宙にある天体の位置を示す方法としてこの住所表示に近いものは，たとえば恒星の場合は，おおぐま座の何星という表し方でまずおおまかな位置が示され，つぎにその星座の何番目の星と示すことで，より詳しい位置の説明がなされる．この場合も，天体までの距離（奥行き）はあまり問題とならない．それは，個々の天体はあまりにも遠くにありすぎて，それらの天体までの距離の違いは問題とならないことが多いからである[*1]．

一方，地上の位置の表し方としては，緯度と経度を用いる方法もある．たとえば，北緯 35.5°，東経 135.4° と表示することで，地表面の位置が特定されることになる．これは，地球の表面上に緯度と経度という座標系を設置し，その座標系の1点として地上の位置を表す方法である．日常生活では，この緯度と経度による位置表示はあまり利用されないが，天体の位置表示では，これに相当するものとして**地平座標系**と**赤道座標系**の2種類の座標系が用意されている[*2]．天体の位置を表すためのこれら2種類の座標系にはそれぞれ利点と欠点があるので，目的に応じてこれらの座標を使い分けるのがよい[*3]．

★ 地平座標系

地平座標系は，ある場所で天体の観測をする場合に，目的の天体が地平線より高さが角度にして何度，また方位（方向）が真南より西に向かって何度という示し方で，その天体の位置を説明する方法である．この場合，高さを表す角度は地平線から上に向かって 0〜90° まで（地平線より下は負の角度），方向を示す角度は真南から西に向かって1周することにして，0〜360° までとる（0° と 360° は一致する）．この表示法を地平座標系とよび，**高度**と**方位**の二つの角度で表される．

地平座標系を用いると，たとえば「高度 35°，方位 340° にシリウスが見える」と表される．これは星の位置を見たままに表現しているので，実際の観測にとても便利である．その一方で，観測者の場所が変われば，同じ天体でも高さや方位が異なると

[*1] 望遠鏡で天体を観測する場合に，天体までの距離は必要ではないし，また，距離が測定されている天体が少ないこともももう一つの理由としてある．
[*2] このほかにもさまざまな座標系が考えられているが，ここでは割愛する．
[*3] 地平座標系と赤道座標系はたがいに変換するための変換式があるので，この変換式を利用することで，一方の座標系からもう一方の座標系に移動することが可能である．

いう不便さや，また地球が回転しているため，同一地点でも星の座標は時々刻々と変化していくという難点がある．

★ 赤道座標系

地平座標とは異なり，観測場所や時間によらずに，天体の位置を一義的に示すことができる座標系を設定することは重要である．そのために設定されたのが**赤道座標系**である．さまざまな天体までの距離の違いを考えなければ，これらの天体は，地球を中心とする非常に大きい半径をもつ球面上に分布しているように見える．この仮想的な球面を**天球**という．図6.2は北半球での天球を表したものである．地球の自転軸を北極方向に延長した直線が天球と交わる点を**天の北極**とし，逆に，地球の自転軸を南極方向に延長した直線が天球と交わる点を**天の南極**とする．地球の北極点や南極点は地球上のどの地点から見ても同一の地点を指しているのと同様，天の北極と天の南極も地球表面上の観測地点の位置に依存しない．

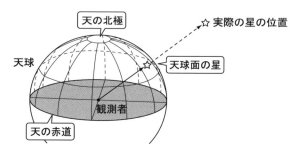

図 6.2 天球と星の位置

つぎに，地球の赤道を天球まで拡張したものを**天の赤道**とする．地球上の赤道はどの地点から見ても同じ場所にあるのと同様，天の赤道も観測地点によって変わらない．天の赤道を含む面と天の北極・天の南極を通る直線とは直交する．地球表面の位置が緯度と経度で表示されたのと同様に，天球上の点も天球上に設けられた緯度（これを**赤緯**とよぶ）と経度（これを**赤経**とよぶ）で表示することができる．天球上の位置を赤緯と赤経で表示する座標系を**赤道座標系**という．赤道座標系では，その座標値は観測場所および観測時間によって変化しない．観測場所や観測時間によって座標値が変わらないことは，地平座標系とは大きく異なる特徴であり，天体の位置を表示するためのデータとしては，赤道座標系を用いることが多い[1]．

---

[1] 赤道座標系で位置が指定されている天体の観測にあたっては，観測地と観測時間を特定して，赤道座標系から地平座標系に変換することで，その場所とその時刻における天体の高さと方位を知ることができる．

赤道座標系の具体的な設定にあたっては，赤緯と赤経の基準点を決めることが必要となる．赤緯は天の赤道を基準（つまり 0°）にして，天の北極は + 90°，天の南極は − 90°とする．そのため，すべての天体の赤緯は − 90 〜 90°までの範囲にあるが，小数点以下の角度については，分と秒を用いて表現することになっている．なお，1分は (1/60) 度，1秒は (1/60) 分 = (1/3600) 度である．

つぎに赤経の基準の取り方であるが，これはやや注意が必要である．地球の経度の基準（経度 0°）はイギリスの旧グリニッジ天文台跡を通る**子午線**[*1]と決められているが，これは歴史的・政治的に設定されたものである．それとは対照的に，赤経は天文学的な考察に基づいて，つぎに説明する**春分点**が基準に選ばれている．また，赤経の単位は角度ではなく，それに相当するものとして，時刻表示が使用されている．具体的には，春分点から東回りに，0 時から 24 時までという 24 時間法で表示する[*2]．時刻表示でも分と秒が使われるが，赤経と赤緯では角度の単位としての分・秒の値が異なることには注意が必要である[*3]．

こうした赤道座標により，天球上の恒星の座標は一意的に決まることになる．たとえば，オリオン座のベテルギウスの赤経は 5 時 55 分 10 秒，赤緯は + 07 度 24 分 25 秒である[*4]．インターネット望遠鏡でも，天体の位置は赤経・赤緯を利用して表現している．

★ 黄道と春分点

恒星は天球上に固定されており，ほとんどその位置を変えない．そのため恒星とよばれるのだが，一方で，惑星や太陽・月はそうではない．たとえば，太陽は 1 日という短い時間内では天球上の位置をほとんど変えないが，1 週間および 1 か月の単位で見ると，西から東にゆっくり動いている．より具体的に言うと，3 月下旬の太陽はうお座の中に見えるが，日を追うごとに**おひつじ座・おうし座・ふたご座・かに座・しし座**と移動し，半年後の 9 月下旬には**おとめ座**の中に入る．その後，**てんびん座・さそり座・いて座・やぎ座・みずがめ座**と移動し，1 年後の 3 月下旬には，もとのうお座に戻る．このように太陽は天球上を 1 年かけて動いているが，その通り道は一定であり，これを黄道とよぶことはすでに述べた．黄道上の 12 の星座を**黄道 12 星**

[*1] 地球の北極点と南極点を通る地球表面に沿った大円を子午線という．したがって，旧グリニッジ天文台跡を通る子午線とは，北極点と南極点を結ぶ大円のうち，旧グリニッジ天文台跡を通る大円を意味する．
[*2] 赤経での時間と角度の関係は，1 時間が 15 度，1 分が (15/60) 度，1 秒が (15/3600) 度となる．詳しくは付録を参照してほしい．
[*3] 赤緯の分・秒は，小数点以下の角度を表示する単位であり，赤経の分・秒は時間体系での分・秒である．
[*4] ベテルギウスの赤経と赤緯を角度に直すと，それぞれ $15 \times 5 + (15 \times 55)/60 + (15 \times 10)/3600 = 88.79167°$ と $7 + 24/60 + 25/3600 = 7.406944°$ となる．

座という．天の赤道と黄道は一致せず，両者はたがいに約 23.43° 傾いていることに注意しよう．この角度を**黄道傾斜角**といい，この傾斜のため，天の赤道と黄道は 2 点で交わっていることになる．黄道と天の赤道との二つの交点のうち，太陽が春分の頃にいる点を**春分点**いう（または，黄道が南から北へ交わる点をいう）．赤道座標では，春分点は赤経 0°（赤緯 0°）という基準点になっており，また，この点を太陽が通過する日が**春分の日**となる．

6.3　恒星の明るさと距離

夜空に輝く多数の恒星を詳しく観察すると，それらの明るさはさまざまであり，色もそれぞれ異なっている．また，その空間的な分布も必ずしも一様ではない．恒星の構造を調べるための第一歩は，明るさ・色などの恒星のもつ特徴を調べ，それに基づいてさまざまな観点から恒星を分類することである．

★ 恒星の明るさ

天文学では，恒星の明るさを**等級**という尺度を用いて表現する．この分類法を始めたのは，古代ギリシャの天文学者ヒッパルコスである．彼はもっとも明るい恒星を 1 等星，かろうじて肉眼で見える暗い恒星を 6 等星とし，その間を 5 段階に分けて明るさを表現する方法を考案した．

その後，この方法が古代最高の天文学書として名高いプトレマイオスの著書「アルマゲスト」で採用されたため，多くの人々に知られ，広く使われるようになった．私たちが今日使っている等級は，基本的にヒッパルコスが考案したものに基づいている．ただし，ヒッパルコスが導入した等級は大まかな段階分け程度のものであり，現在のような定量化された単位ではなかった．

16 世紀に望遠鏡が発明されると，6 等星よりも暗い恒星が観測できるようになり，7 等星や 8 等星などの区分が新たにつくられた．19 世紀の天文学者ポグソンは恒星の明るさを定量的に測定し，1 等星と 6 等星は明るさの差がおよそ 100 倍であるという結果を得た．そのため，等級が 5 等級変化するごとに明るさが 100 倍になる，すなわち等級が 1 等級変わると明るさは $100^{1/5} \fallingdotseq 2.512$ 倍変化するという再定義をおこなった．その結果，3.26 等のように小数点以下の表記もできる定量的な指標として生まれ変わった．

等級を定量的な指標とするためには，その基準値を定めておく必要がある．そこで，ポグソンは**北極星**を 2.0 等とする定義を採用した．この基準値を設定したことによって，等級の値に 0 や負の数も割り当てることができるようになった．たとえば，太

陽を除く全天の恒星のなかでもっとも明るい恒星シリウスは -1.5 等である．

その後，北極星は明るさが一定でない変光星であることがわかったため，基準星をこと座の**ベガ**に変え，さらにその明るさを 0 等とするという変更が加えられた．なお現在では，定められた色の光で複数の基準星を撮影して得られた光度をもとに等級を決定している．

観測で得られる天体の等級は，その天体の真の明るさを表現するものではなく，地球から見たときの見かけの明るさにすぎない．そのため，これは**見かけの等級**とよばれる．見かけの等級 m は恒星から届く光の強度 I の常用対数をとり，それに -2.5 をかけて

$$m = -2.5 \log_{10}\left(\frac{I}{I_0}\right) \qquad (6.1)$$

と定義される．ここで I_0 は，先ほど述べたような基準で決められる光の強度である[*1]．

この定義に従うと，見かけの等級 m_1 と m_2 の二つの恒星の明るさの差は，その恒星からくる光の強度をそれぞれ I_1 と I_2 としたとき，

$$m_1 - m_2 = -2.5 \log_{10}\left(\frac{I_1}{I_2}\right) \qquad (6.2)$$

と表現できることがわかる．たとえば，仮に二つの恒星に 100 倍の明るさの差がある場合，つまり $I_2 = 100 I_1$ である場合，式 (6.2) より

$$m_1 - m_2 = -2.5 \log_{10}\left(\frac{I_1}{100 I_1}\right) = 5 \quad \rightarrow \quad m_1 = m_2 + 5 \qquad (6.3)$$

となるので，ちょうど 5 等級の差となることが確かめられる[*2]．

観測したままの等級，つまり見かけの等級は天体自身の明るさを示しているのではなく，天体までの距離に依存する値になっている．より詳しく述べると，天体の見かけの明るさは距離の 2 乗に反比例するため，明るさが同じ天体を 10 倍遠くに置くと，見かけの明るさは 100 分の 1 になり，見かけの等級は 5 等級大きくなる．

見かけの等級は距離に依存するため，それに代わって天体本来の明るさを比較するための指標として導入されたのが**絶対等級**である．絶対等級の定義は，天体を地球から基準の距離に置いたものと仮定したときのその天体の明るさである．

恒星の性質を知るうえで，絶対等級は見かけの等級よりも重要な指標であることは明らかだろう．ただし，ある恒星の絶対等級を知るためには，見かけの等級のほかに，地球からその恒星までの距離がわかっていなければならない．残念ながら夜空にある恒星を眺めていても，その方向はわかるものの恒星までの距離はわからない．恒星までの距離はどのようにして測定するのだろうか？

[*1] 式 (6.1) で $I = I_0$ とおくと，$\log_{10} 1 = 0$ なので，その等級は基準の 0 等となる．
[*2] このことからも明らかなように，暗い星ほど等級は大きい．

★恒星までの距離の測り方

距離の測り方に，三角法とよばれる方法があることを知っているだろうか？　これは，ある物体を異なる2地点から見たとき，背景に対してその物体の見える方向が異なることを利用したものである（図6.3）．このとき，見える方向のずれを**視差**または**三角視差**，観測する2地点を結ぶ直線を**基線**という．基線の長さが決まっているとき，対象となる物体が遠くなればなるほど視差は小さくなり，逆に，物体の位置が同じときは，基線の長さが大きいほど視差も大きくなる．

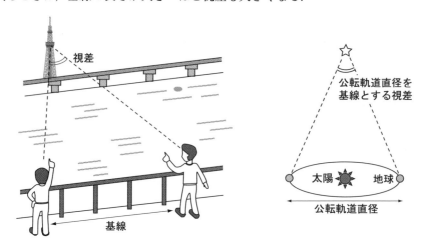

図6.3　三角法による距離の測り方

三角法を用いれば，地球上の2地点から同時に月を観測し，そのときの視差を利用して月までの距離を測定することも可能である．インターネット望遠鏡ネットワークを使って月までの距離を測る方法とその観測例は，Part II の『観測 F』で紹介する．

恒星までの距離の測定法にもこの原理が用いられる．この場合，背景は距離測定対象の恒星よりもはるか遠方にある恒星であり，基線は地球の公転軌道直径である[*1]．これが三角法による恒星までの距離の測り方であり，地球の楕円軌道上の長径の両端の位置から見たときの，背景の恒星に対する目的の恒星の位置のずれを測ることで，その恒星までの距離を測定できる．

つぎに，恒星までの距離を表す単位を導入しよう．太陽系の天体までの距離を表す単位として天文単位があることは5章で述べた．太陽系を超えてもっと遠くの天体ま

[*1] 基線の長さが大きければそれだけ視差が大きくなり，結果として天体までの距離を精度よく測定できる．その意味では，地球半径が可能な最大長さをもつ基線と考えがちであるが，地球は太陽の周りを公転しているため，太陽の反対側に位置する公転軌道上の2点を結ぶ直線（地球の公転軌道直径）が，最大の長さをもつ基線となる．

6.3 ★ 恒星の明るさと距離

での距離を表す単位として，天文学でよく利用される距離の単位に**光年**がある．1光年とは，光の速さで1年間運動したときに到達できる距離のことであり，その大きさは

$$1\,\text{光年} = (\text{光の速さ}) \times (1\,\text{年}) = 9.460730473 \times 10^{12}\,\text{km}$$
$$= 63241.08\,\text{天文単位} \tag{6.4}$$

である．太陽系にもっとも近い恒星は**ケンタウルス座**のプロキシマ・ケンタウリ[*1]であり，その距離は4.22光年である[*2]．この恒星までの距離が4.22光年であることは，現在見えているその恒星が，実は4.22年前の姿であることを意味している．

これとは別に，天文学では距離を表す単位として**パーセク**もよく用いられる．それはパーセクという概念が，先に述べた三角法による距離測定と強く関連付けられることによる．正確に述べると，1パーセクとは，地球の公転軌道長半径を基線にとったときの視差が1秒になる距離として定義される．具体的には以下のような値になるが，念のため光年との関係についても示しておく．

$$1\,\text{パーセク} = 3.08 \times 10^{13}\,\text{km} \approx 3.26\,\text{光年} \tag{6.5}$$

ここで，$\approx$は「近似的に等しい」を意味する．また一般に，恒星までの距離 d [パーセク] と三角視差 p [秒] との間には，つぎの関係

$$d = \frac{1}{p} \tag{6.6}$$

が成り立つ[*3]．ちなみに，地球から一番近い恒星であるプロキシマ・ケンタウリまでは1.30パーセク，シリウスまでは2.64パーセクの距離である．

距離を表す単位が定義できたので，絶対等級の説明に戻ろう．絶対等級とは天体を地球から基準の距離に置いたときの明るさであると述べたが，この基準の距離を10パーセクとしたのが絶対等級である．したがって，地球までの距離が d [パーセク] である恒星の絶対等級 M と見かけの等級 m は，以下の式を満たす．

$$M = m - 5\log_{10}\left(\frac{d}{d_0}\right) \tag{6.7}$$

[*1] プロキシマはラテン語で「もっとも近い」を意味する．

[*2] 太陽系からもっとも近いお隣さんの恒星まで光の速さでも4年以上の旅が必要であるという事実は，宇宙空間がいかにまばらであるかを示している．

[*3] 一般に，天体までの距離 d とその天体の三角視差 p は反比例関係 ($d = k/p$) を満たす．ここで，係数 k は距離 d と視差(角度)の単位の選び方によって決まる定数であるが，ここでは視差の単位を角度の秒，距離の単位をパーセクに選んだとき，$k = 1$ とおけることを意味している．逆に言えば，これがパーセクの意味である．したがって，式(6.6)では，d と p の単位はそれぞれパーセクと秒をとらなければならないことに注意しよう．

ただし，$d_0 = 10$ パーセクである．式(6.7)で $d = 10$ パーセクとすると $M = m$ となり，10 パーセクの距離にある天体の見かけの等級は絶対等級に一致する．距離が 10 パーセクの位置にある特別な天体の場合を除いて，一般には見かけの等級と絶対等級は一致しないことに注意しよう．

★ 恒星までの距離測定の標準光源

距離が遠い天体の三角視差測定では微小な角度の測定が必要であるが，角度測定に関する技術的な制約により，三角法を用いて距離を測定できる恒星は近くの恒星にかぎられる．それよりも遠方にある恒星までの距離測定はどのようにするのだろうか？

より遠方の恒星までの距離測定で重要な役割を果たすのが，式(6.7)である．この式を用いれば，ある天体の見かけの等級 m と絶対等級 M がわかれば，その天体までの距離 d が求められる．見かけの等級 m は観測で求められるが，上で説明したように，天体の絶対等級 M はその天体までの距離が測定できてはじめて決定できるものであるから，式(6.7)を距離測定に利用しようと考えるのは本来は逆の発想ではないかと思うかもしれない．多くの場合はそのとおりであるが，ある種の天体では，距離が不明でも，別の理由でその天体の絶対等級を求められるものがある．このような天体を**標準光源**とよび，標準光源を用いれば，見かけの明るさと絶対等級から，式(6.7)を用いてその光源までの距離を求めることができる．

標準光源として現在知られているものに，**セファイド変光星（ケフェウス型変光星）**と **Ia 型超新星**がある（図 6.4）．セファイド変光星による測定は地球からの距離が比較的小さい場合に有効であることから，それが属する近傍の銀河（マゼラン銀河やアンドロメダ銀河など）の距離測定に利用されている．一方，Ia 型超新星の絶対等級

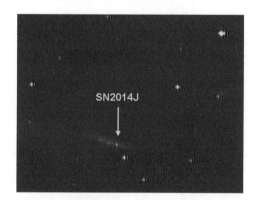

図 6.4 Ia 型超新星 SN2014J の画像
(2014 年 1 月，ニューヨークに設置してあるインターネット望遠鏡で撮影)

は非常に大きいので，遠方にある銀河の距離測定に有効であり，宇宙構造の解明において重要な役割を果たしている．これらの天体とその明るさ測定の方法，およびその光度を測定した観測例の紹介は，Part II の『観測 G』にて詳しく説明する．

6.4 恒星の色と表面温度

つぎに，恒星の特徴を表すもう一つの性質，つまり色について述べよう．肉眼または望遠鏡を通して見る恒星は，さまざまな色をもっている．この色の違いはどこからくるのだろうか？ 結論をいうと，恒星の色はその表面温度を表している．直観的にもわかるだろうが，表面温度が低い恒星は赤っぽく，高い恒星は青っぽく見える．より詳しく述べると，表面温度の低い順に，恒星の色は赤，橙，黄，白，青白色と変化していくのである．温度と色の関係を理解するためには，**ウィーンの変位則とステファン・ボルツマンの法則**を知っておくと便利である．この二つの法則を簡単に紹介しておく．

★ ウィーンの変位則

物体から放射される光のピーク波長（もっとも強く放射される波長）λ_m とその物体の表面温度 T は，つぎの関係を満たす．

$$\lambda_m T = 2.90 \times 10^{-3} \, \text{m·K} \tag{6.8}$$

ここで，m は長さの単位メートルを，K は絶対温度を表す．この関係式を**ウィーンの変位則**とよぶ．物体の色はそれが放射するピーク波長 λ_m で決まるから，この関係は，物体の色とその表面温度との関係を示すものである．この式から，波長が長い光（赤い光）を出す物体の表面温度は低く，波長の短い光（青い光）を出す物体の表面温度は高いことがわかる．

恒星から放出された光を観測することで，その恒星から放射される光の色（ピーク波長）を知ることができるので，ウィーンの変位則を用いると，その恒星の表面温度を推定することができる．たとえば，太陽のピーク波長 500 nm を式(6.8)に代入すると[*1]，太陽の表面温度は 5800 K であることがわかる．

★ ステファン・ボルツマンの法則

表面温度 T の物体が，毎秒その表面 $1 \, \text{m}^2$ から放射する光のエネルギー E は

[*1] nm（ナノメートル）は長さの単位を表し，1 nm = 10^{-9} m である．

$$E = \sigma T^4 \tag{6.9}$$

と表せる．ここで，$\sigma\,(=5.67\times10^{-8}\mathrm{Wm^{-2}K^{-4}})$ はステファン・ボルツマン定数である[*1]．この式を**ステファン・ボルツマンの法則**とよび，単位表面積あたり毎秒放出されるエネルギー E が，その物体の表面温度 T^4 に比例することを表している．恒星の色と表面積がわかれば，式(6.9)を使って，その恒星から1秒間に放出されるエネルギー量を求めることができる．

6.5 恒星の HR 図と質量・光度関係

恒星の光度と距離および色と表面温度の関係がわかったので，これらを指標として恒星の構造を調べよう．

★ スペクトル型と HR 図

図5.5でも述べたように，恒星の光をプリズムに通してみると，光がそれぞれの波長に分解されて，虹のような連続した光の帯が見られる．このように分解された光をスペクトルという．恒星のスペクトルを撮ると，ところどころに吸収線が見えるが，この現れ方から分類したものが恒星の**スペクトル型**である．恒星のスペクトル型とその表面温度とは密接な関係があることがわかっており，表面温度の高いものから順に O，B，A，F，G，K，M 型となる．スペクトル型の覚え方には，英語で「Oh, be a fine girl, kiss me !」，日本語で「お婆，河豚噛む」などがある．また，各スペクトル型をさらに0〜9の10段階に細分し，A8やB2のように表すことも行われる．スペクトル型を用いると恒星の色（または表面温度）を定量的に表現でき，その概略を表6.1に示す．

このように，恒星は明るさを表す等級（絶対等級）と，表面温度を表すスペクトル型の二つの指標で表現される．そして，この二つの指標をそれぞれグラフの縦軸・横軸にして，さまざまな恒星をグラフ上にプロットしたのが **HR 図**（Hertzsprung-Russel diagram ヘルツシュプルング・ラッセル）である．

表6.1 スペクトル型と恒星の色・表面温度

スペクトル型	O	B	A	F	G	K	M
恒星の色	青	青〜青白	白	黄白	黄	橙	赤
表面温度 [K]	29000〜60000	10000〜29000	7500〜10000	6000〜7500	5300〜6000	3900〜5300	2500〜3900

[*1] ここで，W は単位時間あたりのエネルギー量を表す単位で，1 W = 1 J/s である．

いろいろな恒星の集団を対象にして作成されたHR図は，サンプルにとる恒星の集団によって詳細（HR図上での恒星の位置）は異なるが，図6.5に示すように，サンプルの取り方によらない三つの特徴的な分布をもつ．

1. HR図の左上から右下にかけての帯状の領域に，多くの恒星が分布する．
2. 右上に恒星が分布する領域がある．
3. 左下にも恒星の分布領域がある．

HR図が明らかにしたこの結果は，恒星が大きくわけて三つのグループに分類されることを示している．1のグループを**主系列星**（太陽は主系列星の分類に属する），2のグループを**赤色巨星**，3のグループを**白色矮星**という．

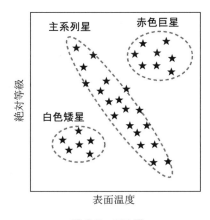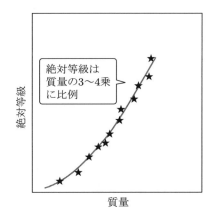

図6.5　HR図　　　　　　　図6.6　主系列星の質量・光度関係

★ 恒星の質量・光度関係

HR図は，明るさ（絶対等級）と色（表面温度）を指標にして恒星を分類したものである．一方，恒星のもう一つの特性である質量に注目し，明るさと質量を指標にして恒星の構造を調べることもできる．絶対等級を縦軸，質量を横軸に取ったグラフ上に，それぞれの絶対等級と質量に対応して恒星の分布をプロットしたものが**質量・光度関係**である．

主系列星のうち，その質量と絶対光度が求められているものについて，質量・光度関係を調べると，図6.6に示すように，絶対等級はその質量の3〜4乗に比例することが明らかになった．

★ 恒星の進化とその終末

HR図と主系列星の質量・光度関係を参考にして，恒星の構造と進化の様子を調べよう．そのためには，もっとも近くにある恒星であり，その内部構造がよく調べられている太陽に関する知見が参考になる．5.3節で述べたように，太陽の中心核では，4個の水素原子核を1個のヘリウム原子核に変換する核融合反応が起こっていること，およびその反応で発生したエネルギーによる圧力が，太陽を構成する物質（主に水素）の自己重力と釣り合うことで，長い年月にわたって比較的安定した状態が保たれてることが明らかになった．

HR図の分類で主系列星とよばれる恒星のグループは，太陽と同様に，その中心部において水素の核融合反応が進むことで，自己重力による収縮力と釣り合いがとれた状態にある恒星たちである．太陽がこのような状態にとどまる年月が100億年ほどであることは，主系列星のほかの恒星も，年数の長短は別にして，いずれ中心核の水素を使い果たし，現在の安定した状態が終了することを示している．

恒星が主系列星の状態を終了するまでの時間は，核融合反応の燃料である水素の量[*1]と，核融合反応の頻度[*2]から，

$$主系列星にとどまる時間 = \frac{核融合反応の燃料}{単位時間あたりの水素の使用量}$$

$$\propto \frac{質量}{(質量)^4} = \frac{1}{(質量)^3}$$

と見積もることができる[*3]．

この結果，太陽が主系列にとどまる時間がほぼ100億年であることを考慮すると，太陽の10倍の質量をもつ大質量恒星は太陽よりも1000分の1の時間（約1千万年），太陽の10分の1の質量をもつ小質量星は太陽の1000倍の時間（10兆年），主系列星にとどまることがわかる．すなわち，質量の大きい恒星ほど短い時間で主系列星の状態を終了し，逆に，質量の小さい恒星は長時間主系列星にとどまることになる．

このことからわかるように，主系列星の恒星はいずれ中心核の水素を使い果たして，主系列星の状態からつぎの段階に移ることになる．中心核の水素が消費された後には，核融合反応で生成された中心部のヘリウム層と，その外側にあってまだ消費されていない水素の層の，二つの層からなる構造が恒星の内部に生成される．

中心部のヘリウム層は自己重力で収縮し，その結果，**ヘリウムの核融合反応**が始ま

[*1] 水素の量は，その恒星の質量に比例する．
[*2] 核融合反応の頻度はその恒星の光度からわかるが，それは質量・光度関係が示すように，質量の3〜4乗に比例する．すなわち単位時間あたりに核融合反応で消費される水素の量は質量の3〜4乗に比例する．
[*3] ここでは絶対等級は質量の4乗に比例するとした．また，記号∝は比例することを意味する．

ることで，炭素・酸素などのより原子番号の大きい原子核を生成する．さらに，ヘリウムが消費された後は，この核融合反応で生成された炭素原子核などが新たな燃料となり，つぎつぎと核融合反応が進んでより原子番号の大きい原子核が生成され，最後に鉄の原子核にたどり着いてこのプロセスが終了する．

中心部でつぎつぎと核融合反応が進んでいる間，その外側では主成分の水素の核融合反応がゆっくりと進み，その反応で生成されたエネルギーで外層部は次第に膨らむと同時に，表面の温度が低下して，赤色の巨大な天体となる．HR 図で**赤色巨星**と分類された恒星は，進化のこの段階にある恒星である．赤色巨星の段階は主系列星に比べて 10 分の 1 ほどの短い時間で終わり，恒星は進化のつぎの段階に進む．

恒星進化の最終段階は，その質量によって終末に至るプロセスの詳細は異なるが，大別すると以下のとおりである．

太陽質量の 3 倍よりも小さい恒星（太陽もこのグループに含まれる）は，外層部のガスを少しずつ放出して，中心核が露出した星として進化の最終段階をむかえる．この状態の恒星は核融合反応が続いている中心核だけが残された天体なので，半径が非常に小さく，表面温度が高温（表面が白色）であることから，**白色矮星**とよばれている（HR 図の左下のグループがこれにあたる）．太陽は主系列星としての残りの時間（約 50 億年）を過ごした後，**赤色巨星**の段階を経て，最終的には白色矮星として終末をむかえる．シリウスは 2 重星であるが，その**伴星**（質量が小さいほうの星）は白色矮星であり，それは太陽が恒星として終末をむかえたときの姿を予見させるものといえる．

太陽質量の 8 倍以上の質量をもつ恒星は，中心核の構造が白色矮星と同じ状態になっても，その大質量が生み出す重力を支えることは不可能であるため，中心核は莫大な重力エネルギーを爆発的に放出して**重力崩壊**し，その爆発で大部分の物質を宇宙空間に撒き散らす．大質量星が重力崩壊で大量のニュートリノと莫大なエネルギーを放出する現象を，**超新星爆発**とよぶ．超新星爆発の跡に**中性子星**（太陽質量の 8 倍よりも小さい場合）または**ブラックホール**（太陽質量の 8 倍以上の場合）を残すこともある．

超新星爆発を起こした恒星は日中でも観測できるほどの明るさとなり，その後約 1 か月で減光して見えなくなる．**名月記**（藤原定家 著）に記載された文章「天喜 2 年 4 月中旬以降客星現る…」は，1054 年に観測された超新星爆発の古い記録として，天文学上の貴重な資料である．現在「**かに星雲**」とよばれている天体はこの超新星爆発の残骸であり，その中心に中性子星が残されていることが観測で確かめられている．

1987 年に**大マゼラン銀河**（距離 16 万光年）で観測された超新星爆発は，肉眼で観測可能なものとしては約 400 年ぶりに出現したものであった．この超新星爆発で

放出されたニュートリノが史上初めて測定され，超新星爆発のメカニズム解明に大きく貢献した．この超新星爆発でも，その後に中性子星が存在していることが確認されている．

中性子星は，太陽と同程度の質量をもつ天体が半径 10 km ほどに圧縮された天体であり，その内部は中性子からなる強く圧縮された核で固められている．中性子星は高速で自転しながら周期的にパルス状の電波を放出することから，別名**パルサー**ともよばれている．

一方，**ブラックホール**は，強力な自己重力によりその内部からは電磁波を含めていかなる物質も放出されないため，その存在を直接観測することは不可能である．しかし，ブラックホールに落ち込む周囲の物質が放出する X 線などを観測することで，間接的にその存在を検証することができる．

☀ 6.6 恒星の誕生

恒星の終末に関して調べてきたが，ここでは逆に，恒星の誕生について考察しよう．近年，**ハッブル宇宙望遠鏡**などにより，恒星が誕生する瞬間がとらえられるようになってきた．恒星の誕生には**星間物質**と**星間雲**が大きくかかわっているため，最初にそれらの説明から入ろう．

星間物質とは，恒星と恒星の間の空間にある物質を意味する．星間物質として，水素・ヘリウムが主成分のごく希薄な気体である**星間ガス**と，**二酸化炭素・アンモニア・氷**などの固体微粒子から成っている**星間塵**がある．また，星間雲とは，星間物質が周囲より高密度になっている部分をいう．星間雲のうち，水素が原子の状態で存在する場所を **HI 領域**という．HI 領域のなかで，やや密度の高いところを **HI ガス雲**とよび，そのなかでもとくに密度の高い領域では，水素は分子状態になっている．このような領域を**分子雲**とよぶ．

恒星はこの分子雲の中から生まれるが，そのためには，分子雲がかなり収縮しなくてはならない．収縮する原因は，星間雲自身の重力である．通常の星間雲は自分の重力で収縮しようとする力と，圧力などによって拡散しようとする力が釣り合っている状態にある．しかし何らかの原因で，ある限界値を超えた十分に大きな領域が収縮すると，重力の収縮の力が拡散しようとする力に勝ち，収縮を始める．星間雲を収縮させる原因としては，星間雲どうしの衝突や**超新星爆発**による**衝撃波**による圧縮などが考えられる．ひとたび収縮を始めると，その場所では重力がより強くなり，さらに周りの物質を引きつけてどんどん成長をしていく．このとき，中心に向かって落ちてい

く物質の**重力エネルギー**が中心部を暖め，赤外線を出すようになる．このような誕生初期の恒星のことを，**原始星**とよぶ．

原始星の周りには，これから原始星へと降り積もっていく星間物質が依然大量に残っている．それらの物質に遮られてしまい，可視光は外に出てくることができない．そのため，原始星の観測は，暖められた塵が出す赤外線や，分子雲から出る電波を利用することになる．また，原始星の周りの星間物質は渦を巻いて円盤（これを**降着円盤**という）を形成しており，回転しながら原始星に落ち込んでいく．降着円盤から取り残された物質は，降着円盤に垂直な方向へ**宇宙ジェット**として放出される．この宇宙ジェットを詳しく調べることで，原始星の年齢や進化の様子を推定することができる．なお，この時期は温度がほぼ一定のまま収縮しており，この段階にある原始星は，それを理論的に導出した**林忠四郎**にちなんで**林フェイズ**とよばれている．HR図上で林フェイズの段階にある原始星の進化経路は，図6.7に示すように，**林トラック**とよばれる曲線を描く．

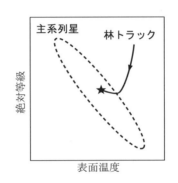

図6.7　林トラックと原始星の進化

原始星はさらにゆっくりと収縮し，恒星表面から吹き出すガスの流れである**恒星風**により周囲の**暗黒星雲**を吹き飛ばすことで，可視光でも観測可能となる．ただし，降着円盤は中心星の周りに残り，**原始惑星系円盤**になる．また，この段階にある星は，**Tタウリ型星**とよばれる．Tタウリ型星はさらに収縮することで中心核の温度が上昇し，水素の核融合反応が開始されると主系列星となる．主系列星になった段階で収縮が止まり，星の形状は安定期に入る．これが現在考えられている，恒星誕生から主系列星に至るまでのシナリオである．また，この時期には原始惑星系円盤はほぼ消失し，惑星が生まれていると考えられている．

これで，恒星の誕生からいろいろな段階を経てその終末に至るまでの，星の一生の進化過程が理解できただろう．

7章 星雲・星団・銀河・宇宙

　だれでも，晴れた日に夜空を見上げて，星を見たことは一度はあるのではないだろうか？月明かりのない夜には星がよく見える．なかでも，南北に横切る巨大な光の帯のように見えるのは，七夕の伝説にも登場する「天の川」である．天の川を望遠鏡でのぞいて，それがたくさんの星の集まりであることを最初に発見したのは，16世紀のイタリアの天文学者ガリレオである．夜空にはなぜこんなにも星が集まっている場所があるのだろうか？天文学や観測技術の発達により，天の川は「**銀河**」とよばれる星の集団の一部であり，私たちの太陽系も天の川銀河とよばれる銀河に属していることが明らかになった．

7.1　非恒星状天体

　夜空を望遠鏡や双眼鏡で観察すると，ぼんやりと広がって見える天体がある．これらは「銀河」「星雲」「星団」とよばれる太陽系外に存在する天体で，その正体は星やガスの集まりである．このような天体をまとめて**非恒星状天体**という．似たように見える天体として彗星があるが，彗星は太陽系に属する天体であり，非恒星状天体や恒星とはまったく異なった運動をするため，継続して観測することで区別できる．

　非恒星状天体の観察は，宇宙の成り立ちを理解するうえで非常に重要である．非恒星状天体を観察し，そのリストをはじめて作成したのは，18世紀のフランスの天文学者メシエである．このリストを**メシエカタログ**とよび，そのリストに載っている天体を**メシエ天体**という．メシエは，もともと1758年に再出現が予測された**ハレー彗星**を見つけるために観測を行っていたが，彗星を探す過程で彗星とまぎらわしく見える天体を区別するために，メシエカタログを作成した．残念ながら，彼は再出現したハレー彗星の最初の発見者にはなれなかったが，その名のついたカタログによって後世に名を残すこととなった．

　メシエ天体は番号で区別され，その番号に頭文字Mをつけて，たとえば「M31」や「M42」のように表される．M31がアンドロメダ大銀河，M42がオリオン大星雲ともよばれているように，メシエ天体のうち有名な天体には，番号のほかに名称が

ついている．メシエ本人が番号をつけたものはM1〜M103で，その後，メシエの助手のメシャンがM104〜M109を追加した．20世紀になって，メシエが残したスケッチなどから天体M110が追加され，現在はM1〜M110までが存在する．ただし，メシエが発表したリストの中には，その場所にそれらしい天体がない場合があり，M40，M91，M102は欠番となっている．表7.1は主なメシエ天体である[*1]．

表7.1 主なメシエ天体

メシエカタログの番号	NGCの番号	名称	分類
M1	1952	かに星雲	超新星の残骸
M8	6523	干潟星雲	散光星雲（電離領域）
M11	6705	野鴨星団	散開星団
M13	6205		球状星団
M16	6611	わし星雲	散開星団
M17	6618	オメガ星雲	散光星雲（電離領域）
M20	6514	三裂星雲	散光星雲（電離領域）
M27	6853	あれい状星雲	惑星状星雲
M31	224	アンドロメダ大銀河	渦巻銀河
M42	1976	オリオン大星雲	散光星雲（電離領域）
M44	2632	プレセペ星団	散開星団
M45	1432/1435	プレアデス星団	散光星雲（反射星雲）散開星団
M51	5194	子持ち銀河	渦巻銀河
M57	6720	環状星雲	惑星状星雲
M78	2068		散光星雲（反射星雲）
M82	3034	葉巻銀河	不規則銀河
M86	4406		楕円銀河

メシエカタログが発表された後，英国の天文学者**ウィリアム・ハーシェル**とその息子**ジョン・ハーシェル**は，メシエより高性能な望遠鏡と写真技術を使って，メシエカタログよりも大がかりな非恒星状天体のカタログを作成した．このカタログにアイルランドの天文学者**ドレイヤー**が新たに天体を追加して1888年に発表したものが，**NGC**（new general catalogue）とよばれているカタログである．メシエ天体はNGCに含まれている．その後，NGCを補うものとしてドレイヤーがつくったカタログが**IC**（index catalogue）である．

非恒星状天体は「星雲」「星団」「銀河」の3種類に大きく分類できる．ここではそれらの3種類について，メシエ天体を中心に見ていこう．

[*1] 名称欄が空欄となっているものは，特別な名前が付いていない．

☀ 7.2 星雲

星雲は，水素やヘリウムなどのガス，もしくはさまざまな成分の分子や塵の集まりである．星雲には「散光星雲」「惑星状星雲」「超新星の残骸」などの種類がある．

★ 散光星雲

散光星雲は，M8（図 7.1）や M42（図 7.2）に代表される星雲である．インターネット望遠鏡ではモノクロでしか観測できないため色を見ることはできないが，実際は，散光星雲の多くは赤くきれいに輝いて見える．散光星雲には，ところどころに暗い部分が存在する．これは，そこに光る星や物質がないのではなく，**暗黒星雲**により背景の光が遮られているため，暗く見えるのである．

図 7.1　M8（干潟星雲）

図 7.2　M42（オリオン大星雲）

暗黒星雲は，冷たいガスと塵からなる星雲であり，光を遮る性質がある[*1]．その暗黒星雲の中では星が形成され，誕生した星の光によって周辺のガスや塵が輝いているのが散光星雲であると考えられている．散光星雲の輝き方として，近くにある高温の星（**励起星**）から放射された紫外線を受けて励起された電離ガスが光り輝いているもの（**電離領域**）と，明るい星（**照明星**）の光を星雲中の塵が反射して輝くもの（**反射星雲**）がある．

オリオン座の中央にある三つ星の少し南側で，ぼんやりと光る場所が散光星雲の M42 であり，それは非常に明るく，肉眼でも見えるほどの明るさをもっている．M42 の中央には，**トラペジウム**とよばれる 4 重星があり，そこを中心とする**散開星団**が存在する（散開星団については，7.3 節を参照）．インターネット望遠鏡でも，メインスコープで見ればトラペジウムを確認できる（図 7.3）．

[*1] 暗黒星雲の代表的なものには，オリオン座の馬頭星雲がある．

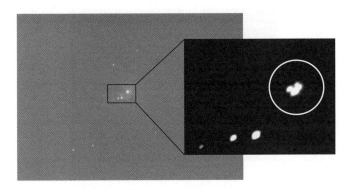

図 7.3　M42 のトラペジウム（4 重星）

★ 惑星状星雲と超新星の残骸

　惑星状星雲は，M27（図 7.4）や M57（図 7.5）に代表される星雲で，望遠鏡が発達していない時代は惑星のように見えたため，「惑星状」の名前が付けられている．惑星状星雲は，太陽くらいの質量の星が燃料を燃やし尽くした後，その燃えカスが中心に集まり，残りの外層部が膨張して流出したものである．その中心は高温高密度状態にあるので紫外線を発し，それが流出した物質を励起して美しい光を発している．惑星状星雲の中心には青白い星（白色矮星）があり，その星を中心として，周りの光り輝く物質は対称的な形で広がっている．

図 7.4　M27（あれい状星雲）

図 7.5　M57（環状星雲）

　超新星の残骸は，メシエ天体のなかでは M1（図 7.6）しか存在しない．6.5 節でも述べたように，大きな質量をもつ星が最後にむかえる爆発現象が超新星爆発で，その爆発によって星の大部分が吹き飛んでしまう．その残骸が，周りの星間ガスとの相互作用や，中心に残った中性子星から発せられる紫外線を受けて輝いているのが，かに星雲（M1）である．超新星爆発は，星内部の核融合反応では生成できなかった重い元素を生

図 7.6　M1（かに星雲）

成し，それを爆発以前に星の内部でつくられた元素と一緒に宇宙にばらまくはたらきをもっている．

7.3　星団

　星団は，星がたがいの重力によって1箇所に集まったものである．星団はその生い立ちから**散開星団**と**球状星団**に分けられる．以下では，観測画像とともにその違いを見てみよう．

★ 散開星団

　散開星団は数十〜数千の星からなり，比較的最近生まれた若い星から成り立っている．代表的なものはM11（図7.7）やM16（図7.8）で，銀河円盤部に（図7.11(a)参照）ある分子雲から生まれるため，天の川付近に多く存在する．M16では，背後に散光星雲が存在しており，その中に光を遮る暗黒星雲を見ることができる．この暗黒星雲の形から，**わし星雲**という名称でよばれている．インターネット望遠鏡のサブスコープでは，小さいがかすかに「わし」の形を見ることができる．

　M45（図7.9）は**プレアデス星団**とよばれる非常に有名な散開星団である．世界中の神話にも登場し，日本では「**すばる**」の名称で親しまれている．散開星団の周囲には散光星雲も見られるが，もともとは別々だった散光星雲と散開星団が，たまたまぶつかっている場所だと考えられている．

★ 球状星団

　球状星団は，数十万から数百万個の星が集まっており，年齢が100億歳以上の星が多いことから，銀河誕生の初期にできた天体だと考えられている．この星団は銀河のハロー部分に球状に分布している（ハローについては次節で述べる）．球状星団の

図 7.7 M11（野鴨星団）

図 7.8 M16（わし星雲）

図 7.9 M45（プレアデス星団）

図 7.10 M13

代表的なものとしては，M13（図 7.10）がある．

　以上で説明したように，散開星団と球状星団は，それに含まれる星の数やその分布する位置が異なるだけでなく，それを構成する星の種類も異なる．球状星団は宇宙の始まりの直後に誕生した第1世代（これを種族IIという）の星の集まりであり，散開星団はその球状星団に含まれる星の寿命の短いものが爆発して飛散し，その残骸が天の川付近に集まって誕生した第2世代（これを種族Iという）の星の集まりと考えられている．太陽系の天体を構成する元素には重い元素が多く含まれているが，それは超新星爆発で生成されて宇宙にばらまかれた残骸といえる．このことから，太陽は第1世代の恒星ではなく（地球を含む太陽系の天体も），寿命の短い質量の大きい恒星の超新星爆発で宇宙空間に放出された物質を集めてつくられた，第2世代以降の恒星であることがわかる．

7.4 銀河

銀河は数千億個以上の恒星や大量のガスや塵，目に見えない**ダークマター**などが重力によって結合している巨大な天体系である．太陽系も一つの銀河の中にあり，太陽系を含む銀河を**天の川銀河**（もしくは**銀河系**）とよぶ．

★ 天の川銀河

最近では，都会をはじめとして多くの地域では夜もあまり暗くならないことから観測することが難しくなったが，人里を遠く離れた地域や高い山の上で晴れた夏の夜に空を眺めれば，夜空に南北に延びて白く輝く帯状の領域を見ることができる．古くからこれは天の川とよばれ，その美しさにかぎりない感動をよび起こされた人々も多い．天の川が多数の恒星の集団からなることを望遠鏡を用いた観測によって発見したのはガリレオであるが，その後，天の川の構造に関して多くの観測がなされ，それが2000億個以上の恒星とそれを取り巻く星間ガスからなる天体系であることが明らかになった．この天体系が天の川銀河（銀河系）である．

図7.11（a）に示すように，その構造は中心が膨らんだ円盤状であり，この円盤を上から見ると，何本かの腕をもつ渦巻状の構造になっていると考えられている．天の川銀河はこの構造を保ちながら，中心の周りを周回している．この円盤の大きさは直径が約10万光年，厚さが約1.5万光年である．太陽系は，中心からおよそ2万8千光年離れたところに位置し，上から見たときはオリオン腕にあって，この腕とともに，銀河中心の周りをおよそ2億5千万年の周期で周回している．

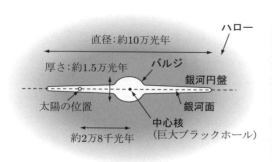
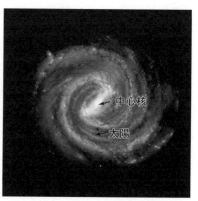

(a) 横から見た天の川銀河の想像図　　(b) 上から見た天の川銀河の想像図

図 7.11　天の川銀河の構造

天の川銀河に関しては，近年の観測技術の進歩によって新しい発見が相次いでいる．そのなかで主なものは，つぎのとおりである．

(1) 天の川銀河には恒星などの電磁波を出す物質のほかに，ダークマターとよばれる電磁波をほとんど放出しない物質が，恒星などの質量の20倍近く存在していること
(2) 天の川銀河の中心には巨大ブラックホールの存在が確実視されること
(3) 中心部は棒状の構造をなしていることから，天の川銀河の形状は棒渦巻銀河（図7.11（b））であると考えられるようになったこと（銀河の構造については以下で述べる）

天の川銀河に関してはさらに新しい発見がなされることが期待され，今後，これまでの知見が見直しを受けることも予想される．

★ 天の川銀河を超えて

天の川銀河の外側にも，別の銀河が存在する．これを**系外銀河**とよぶ．北半球で観測される系外銀河のうち，天の川銀河にもっとも近いところに位置する**アンドロメダ大銀河**は，天の川銀河と同様に渦巻状の構造をもち，直径は天の川銀河よりも大きい．南半球で観測される大小二つの**マゼラン銀河**も，天の川銀河の近傍にある系外銀河である．

銀河は，その形状から「渦巻銀河／棒渦巻銀河」「楕円銀河」「不規則銀河」「その他の銀河」の四つに分類される．

渦巻銀河は，その名のとおり，渦巻く腕をもった銀河である．図7.11（a）に示すように，渦巻銀河の中心部には，明るく輝く**バルジ**とよばれるふくらんだ部分があり，周辺部の球状星団やガスがある部分は**ハロー**とよばれる．バルジを中心として，星が集まっている薄い部分は**銀河円盤**である．バルジやハローの部分は年老いた星から構成されており，星の形成は起こっていない．それに対して，渦巻く腕の部分では若い星や星間物質が多く，いまでも星の形成が続いている．渦巻銀河の代表的ものはM31（図7.12）やM51（図7.13）である．M51は，大きい銀河が小さい銀河を伴っており，**子持ち銀河**ともよばれる．渦巻銀河のなかで，とくに銀河中心に棒状の構造をもつ渦巻銀河を**棒渦巻銀河**という．

楕円銀河は，バルジのような中心部や渦巻く腕をもたない回転楕円体状の銀河である．楕円銀河は中心から外側に向かって星の数が少なくなり，だんだん暗くなっている．楕円銀河は年老いた星からできており，星間物質が少なく，新たな星の形成は起こっていない．代表的なものにM86（図7.14）がある．

図7.12 M31（アンドロメダ大銀河）

図7.13 M51（子持ち銀河）

不規則銀河は，渦巻でもなく楕円でもないことから，不規則銀河とよばれる．メシエ天体では M82（図7.15）だけが不規則銀河である．M82 の近くに M81 という渦巻銀河があるが，過去に M81 と M82 が接近し，M81 から大量の物質が M82 に流れ込み，急激に星形成が行われたためこのような形になったと考えられている．

その他の銀河としては，**レンズ状銀河**，**矮小銀河**とよばれるものがある．レンズ状銀河は，その名のとおり凸レンズの形をしている銀河で，渦巻銀河と楕円銀河の中間にあたる．楕円銀河 M86 は，レンズ状銀河に分類されることもある．矮小銀河は，とても小さい銀河や星がまばらな銀河を指す．小さかったり暗かったりするため，観測にかからないものが大量に存在すると考えられている．

銀河は，その近傍にあるいくつかの銀河とともに，たがいに重力で結合して銀河の集団（これを**銀河団**とよぶ）を形成している．宇宙にはその内部に 50 ～ 1000 個の銀河を含む多数の銀河団が存在し，それらの銀河団が集まってできた**超銀河団**も存在

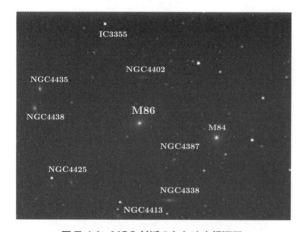
図7.14 M86 付近のおとめ座銀河団

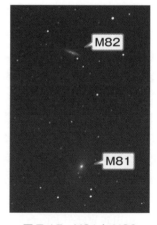
図7.15 M81 と M82

する．さらには，それらの超銀河団を含む大規模な構造が存在することも明らかになってきた．天の川銀河もアンドロメダ大銀河などとともに，**局所銀河群**とよばれる**銀河群**に属し，それは**おとめ座銀河団**（図7.14）の一員として，さらに大きい**おとめ座超銀河団**に属している．

また，近年の電波天文学の成果として，**クエーサー**とよばれる新しいタイプの天体の存在も明らかになった．クエーサーは大きさが恒星ほどではあるが，その明るさがひとつの銀河に匹敵することから，その正体は活発に活動している**銀河核**（銀河の中心）であると考えられている．

7.5 宇宙の膨張と進化

銀河団・超銀河団（それを超える宇宙の大規模構造も含む）からなる宇宙は，自然界の究極の存在であり，長い間永遠不滅の存在であると考えられてきた．しかし，宇宙の構造が時間の経過につれて変化（進化）していることが発見され，人類のそれまでの宇宙認識が根本的に変わった．20世紀の科学史上において，もっとも大きな成果の一つに位置づけられる**宇宙進化**の発見は，**宇宙膨張**とその内部構造の変化という二つの側面をもつ．

★ 宇宙の膨張

宇宙膨張について，それを説明するための理論的な観点と，宇宙が膨張していることを示す観測的な観点の，二つの側面から見てみよう．

宇宙膨張を説明するための理論的な準備

太陽系や銀河・銀河団を構成する力が重力であったのと同様に，宇宙全体を一つの物理系として結合する力も重力である．そのため，宇宙の力学的な構造を考察するためには，重力理論を用いることになる．太陽系・銀河・銀河団などの天体系の力学的な構造は，**ニュートンの重力理論とニュートン力学**を用いて説明され，大きな成果が得られた．一方，宇宙全体の力学的な構造について同様に理論的解析を試みると，この理論体系では不十分であること（その適用範囲外であること）がわかる．

宇宙全体の運動を考察するための理論体系が存在しないという困難は，1915年に**アインシュタイン**によって提案された**一般相対性理論**によって解決された．このことは，一般相対性理論の登場によって，人類が宇宙全体の力学的な構造を解析するための理論的な道具を手に入れたことを意味する．一般相対性理論は相対論的な重力理論であり，その非相対論的な極限として，ニュートンの重力理論を含んでいる．

一般相対性理論を用いて宇宙の力学的な構造を調べた結果，宇宙が静止状態にとどまることは不可能であり，図7.16に与えられた三つの解が示すように，宇宙は膨張または収縮しているはずであることが導かれた．この結果，現在の宇宙が理論的に予測された膨張または収縮のいずれの状態にあるかの判断は，観測的な観点から宇宙を調べる観測天文学分野の課題となった．

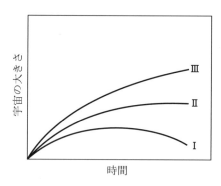

図7.16 宇宙膨張の様子を示す一般相対性理論の三つの解

宇宙が膨張していることを示す観測事実

さまざまな銀河を観測していたハッブルは，「大多数の銀河からの光が赤方偏移していること」，「赤方偏移の大きさは銀河までの距離に比例すること」を発見した．赤方偏移とは，天体から送られてきた光の波長が，観測されたときは放出されたときに比べて長波長（赤色）の方向にずれている現象である．赤方偏移は光源が観測者に対して相対的に遠ざかっている（後退している）ときに生じる現象であり，光源の後退速度は赤方偏移の大きさに比例する．したがって，ハッブルの観測結果は，銀河までの距離 d と銀河の遠ざかる速さ v がつぎの関係を満たすことを意味している．

$$v = Hd \tag{7.1}$$

ここで，H はハッブル定数とよばれ，現在の宇宙膨張の速さを表すものである．これは，宇宙全体としての構造を決めるものであり，個々の銀河によらない現在の宇宙に固有な量である．

式(7.1)は大変興味深い関係を表している．図7.17に示すように，この関係が成り立つことによって，観測者の位置としてどの銀河を基準にとっても式(7.1)が成り立つことがわかる．これは，「任意の銀河間の距離が大きくなっていること」，「遠ざかる速さはそれらの銀河間の距離に比例すること」を意味するものであり，ハッブルはこの観測事実をもって「宇宙が膨張している」と結論したのである．

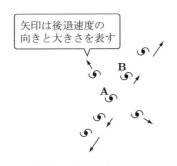

(a) 銀河Aを基準にしたときの動き　　(b) 銀河Bを基準にしたときの動き

図7.17　宇宙膨張の様子

　ハッブルの発見は一般相対性理論による理論的な考察を観測面から検証したものであり，宇宙が膨張しているという事実が，理論的な側面と観測的な側面の両面から確かめられた．

★ 宇宙内部状態の進化

　宇宙の内部構造の進化に関しても，理論的な予測とそれを検証する観測事実の両側面から見てみよう．

内部構造の進化に関する理論的な予測

　宇宙膨張の発見に発想を得て，**ガモフ**は1948年に，過去の宇宙はその内部が高温・高密度状態であったことを予測した．さらに，そのような高温・高密度状態では，内部に含まれる分子・原子はもとより，原子核もその形態を保つことは不可能であり，原子核を構成する陽子・中性子と原子核の周りを周回する電子が，それぞれ独立に激しく運動しているものと考えた．その状態では，電荷をもった陽子と電子が動き回ることにより電磁波も放出され，結果として陽子・中性子・電子と電磁波がたがいに相互作用している状態が実現していたことになる．

　このような高温・高密度状態にあった宇宙が，膨張するにつれて内部の温度と密度が小さくなり，それまで分離していた陽子と中性子が結合して原子核が構成され，その周りに電子が捕獲されて原子および分子が形成される．その段階で，電気的に中性となった原子・分子と電磁波が分離し，その後，原子・分子のガスから銀河および恒星がつくられ，現在の宇宙内部の構造が形成された．一方，原子・分子から分離した電磁波は，分離したときの波長と強度の関係（これを**プランク分布**という．図7.18）を保ったままで，宇宙膨張の影響を受けて，全体として長波長に偏移した状態で，宇宙の内部に分布していることが予測される．

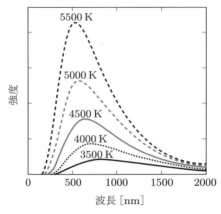

図7.18　プランク分布

　これがガモフの考えた宇宙内部の進化の歴史であり，宇宙内部構造の進化に関するこのアイデアを，**ビッグバンモデル**とよぶ．このモデルは，宇宙の歴史に関して提案されたいくつかの考え方のうちの一つであり，その妥当性は観測事実によって判断されることになる．

ビッグバンモデルを検証する観測事実

　宇宙の内部状態が進化することを予測したビッグバンモデルは，人類の従来の宇宙観を大きく変えるものであり，それは宇宙の歴史に関する画期的な提案でもある．ガモフはビッグバンモデルの結論として，現在の宇宙に関して，

(1) あらゆる方向に同じ強度でプランク分布をもつ電磁波（これを**宇宙背景放射**とよぶ）が存在すること
(2) 宇宙内部の物質に含まれるさまざまな元素の存在の割合は，水素が大部分であること

の2点を予測した．これらは現在の宇宙において観測で調べることができ，ガモフの予測が観測で確かめられれば，それはビッグバンモデルが正しいことの根拠となる．

　1965年，宇宙のあらゆる方向から同じ強度の電磁波が届いていることがペンジアスとウィルソンによって発見され，ビッグバンモデルが多くの天文学者の支持を受けることになった．その後，宇宙背景放射の詳細な観測を目的とした人工衛星の打ち上げによって，2.73 K（K は 5.2 節で説明した絶対温度）のプランク分布に対応する電磁波が，宇宙のすべての方向に存在することが確かめられた．これはガモフが，ビッグバンモデルに基づいて予測した宇宙背景放射の存在を検証した観測事実である．

また，ビッグバンモデルのもう一つの予測である宇宙に存在する元素の存在比も，恒星（太陽を含む）に含まれる元素の大部分が水素であり，つぎに多いのがヘリウムであるという観測事実によって検証された．

ビッグバンモデルからの必然的な予測としてガモフが指摘した2点（1）宇宙背景放射の存在，（2）宇宙の元素組成の割合，が観測で検証されたことで，宇宙の歴史に関するビッグバンモデルの正しさが確立された．

★ 最近の研究成果と残された課題

ハッブルの発見によって，現在宇宙が膨張していることは明らかになったが，膨張宇宙を記述する一般相対性理論の三つの解（図7.16）のうちのどれが実際の宇宙の様子を表すものであるかの問いは，最近まで未解決のままであった．これらの解の違いは，宇宙はいつかは膨張が終わってその後収縮に向かうのか（解Ⅰ），それともこのままいつまでも膨張を続けるのか（解Ⅱと解Ⅲ）の差であり，さらには膨張を続けるにしても，その続け方の違いによるものである（解Ⅱと解Ⅲの違い）．

未解決であった問いのもう一つは，宇宙が高温・高密度状態にあったときから現在までに経過した時間を求める課題であり，この間に経過した時間を**宇宙の年齢** T とすれば，これは宇宙の年齢を求める問いである．

これらの課題は，宇宙膨張の過去の様子と宇宙の今後の膨張のあり方を問うものである．したがって，これらの課題の解決には，宇宙膨張のメカニズムを解明する必要がある．

宇宙膨張の様子を決めるものは，一つには膨張運動を減速するはたらきをもつ重力の強さであり，もう一つは現在の膨張の速さである．現在の宇宙膨張の速さを表す量は，式(7.1)に現れるハッブル定数の大きさから求めることができる．また，膨張を減速する重力の強さは，重力を生み出す宇宙内部の物質の量によって決まることから，宇宙の物質密度を調べることで求めることができる．したがって，上で述べた問いに答えるためには，宇宙内部の物質密度とハッブル定数の大きさを測定することが必要となる[*1]．

宇宙内部の物質密度を求めるには，ある領域内に存在する恒星や銀河などの天体の

[*1] 宇宙膨張をつかさどる重力と膨張速度の関係は，地球表面から投げ上げられた物体の運動にたとえることができる．投げ上げられた物体は，地球の重力によって次第に速度を減らしながら上昇を続けるが，どこまで上昇するかは，投げ上げられたときの速さと地球の重力の強さで決まる．多くの場合，投げ上げられた物体はある高さまで上昇した後，上昇が止まり，その後は地表に向かって落下してくる．一方，投げ上げる速さを増していけば，投げ上げる速さがある大きさを超えたとき，その物体はどこまでも上昇を続け，ついには地球の重力圏を脱出して宇宙に飛び出していく．このときの速さを**地球脱出速度**とよぶ．宇宙膨張に関しても事情は同様であり，3種類の解の違いは膨張速度と物質密度の関係で決まる．

質量を求め，それをその領域の体積で割ればよい．この観測から明らかになったことは，銀河や銀河団などには恒星などの電磁波を出す天体だけでなく，電磁波をほとんど放出しない物質（ダークマター）が大量に存在することである．ダークマターの量を測定することは困難な課題であるが，銀河や銀河団がそれぞれ天体系としてまとまりを保つのに必要な重力の強さを調べることで，それらの天体系に含まれる電磁波を出す物質とダークマターを含む物質全体の質量を求めることが可能となり，結果として宇宙の物質密度が測定できることになる．

またハッブル定数は，式(7.1)からわかるように，天体の遠ざかる速さとその天体までの距離の比で与えられる．そのため，遠方のさまざまな天体について，その後退速度とその天体までの距離を測定することで，ハッブル係数を測定できる．天体の後退速度は，その天体から届いた光の赤方偏移の大きさを測定することで正確に求めることができる．一方，いろいろな銀河までの距離を測定することは大変困難な課題であるが，6.3節で紹介したように，セファイド変光星を標準光源とする方法などを利用することで精度の高い測定ができるようになった．

宇宙膨張のメカニズム解明と並んで，銀河や銀河団などからなる宇宙内部の構造の起源を調べることも重要である．この起源は，高温・高密度状態であった宇宙初期の内部状態の構造までさかのぼることから，初期宇宙の構造を詳しく解析する課題がもう一つの残されている．宇宙初期の状態に関する情報は，宇宙背景放射の中にほとんどそのままの状態で残されているので，宇宙背景放射の詳細な構造，すなわち 2.73 K のプランク分布をもつ宇宙背景放射の小さな温度の揺らぎを解析することで調べることができる．

近年，宇宙背景放射の温度揺らぎを調べるための人工衛星が打ち上げられたことにより，その温度揺らぎの詳細なデータが得られるようになった．また，標準光源としてセファイド変光星に加えて Ia 型超新星も利用できることになったため，より遠方の天体までの距離を精度よく測定することが可能となった．観測面のこれらの進歩によって精度の高い観測データが得られるようになり，その成果として求められたハッブル定数 H_0 と宇宙年齢 T_0 の最新の測定値は[*1]

$$H_0 = 67.8\ [(\mathrm{km/s})/(\mathrm{Mpc})] \tag{7.2}$$
$$T_0 = 138.0\ 億年 \tag{7.3}$$

である．ここで，pc はパーセクを，Mpc は 10^6 pc を意味する．ハッブル定数 H_0 の単位は，(km/s)/(Mpc) となっていて理解しにくいかもしれないが，式(7.1)を書き

[*1] ハッブル定数 H と宇宙年齢 T は時間の経過で変化することを考慮して，現在値には H_0 や T_0 のように添え字 0 をつけている．

直すと $H = v/d$ となることからわかるように，ハッブル定数は速さ v を距離 d で割った単位をもつ．なお，$1\,\mathrm{Mpc} = 3.09 \times 10^{19}\,\mathrm{km}$ を用いると，

$$H_0 = 2.19 \times 10^{-18}\,[1/\mathrm{s}] \tag{7.4}$$

と書き直すこともできる．

　これでハッブル定数の現在値 H_0 と宇宙年齢 T_0 が測定できたが，もう一つの観測課題である宇宙の物質密度を求める課題についても新しい発見があった．距離測定の標準光源としてIa型超新星を利用することで，従来よりもより遠方の天体までの距離を精度よく測定することが可能になった[*1]．遠方の天体までの距離を測定できるようになったことは，ハッブル定数の現在値 H_0 に加えて，その時間変化[*2]についても調べることができることを意味する．遠方にある多くのIa型超新星の赤方偏移と距離を調べた観測結果が明らかにしたことは，宇宙の膨張が加速していることである．これは意外な発見であった．

　上でも説明したように，宇宙内部の物質が生み出す重力によって，宇宙の膨張は減速しているはずである[*3]．一般相対性理論から導かれた三つの解も，膨張の仕方に違いはあっても，すべて減速膨張する解であった．したがって，加速宇宙の発見は，これまでの宇宙理解のあり方に新しい謎を付け加えるものとなった．

　銀河や銀河団などが力学的に結合した天体系として存在し続けるために，ダークマターの存在を必要としたことはすでに説明したが，それに加えて加速宇宙を可能にするものとして，**ダークエネルギー**の存在を考える仮説が提案されている．ダークマターは引力を生み出し，ダークエネルギーは斥力（反発力）を生み出すものと考えられているという違いはあるが，現在までのところ，存在が仮定されたダークマターおよびダークエネルギーの正体は解明されていない．その意味で，これらの存在とその正体は，現在の天文学が抱える残された謎である．

☀ 7.6　宇宙からみた地球と人間存在の位置づけ

　PartⅠでは，人類にとってもっとも身近な天体である地球から始めて，太陽系・天の川銀河・そして宇宙と，少しずつ視野を広げて宇宙の構造をみてきた．宇宙のあ

[*1]　遠方の天体は過去の宇宙の情報を伝える．
[*2]　H は宇宙膨張の速さを表すものであるから，その時間変化は膨張速度が大きくなっているのか（加速しているのか），それとも小さくなっているのか（減速しているのか）を表す．
[*3]　重力は万有引力ともいわれるように，物体間で引力として作用する．したがって，地球表面から投げ上げられた物体の上昇速度が地球の重力の影響で次第に減速するように，宇宙膨張を減速する力として作用するはずである．

り方に関して，現代の天文学はつぎの2点を明らかにした．

(1) 天動説に代表される地球中心的な宇宙認識のあり方は完璧なまでに打破されて，地球は宇宙に存在する多くの銀河の一つである天の川銀河に属する太陽系の一つの惑星であること，言い換えれば，宇宙を構成する多くの天体の一つ（それも非常に小さな天体）にすぎないこと
(2) 自然界の究極の存在である宇宙も，いつまでも美しい夜空を見せる永遠不滅の存在ではなく，その内部は高温・高密度状態から爆発的に膨張を始め，現在も膨張しながら，新たな星の誕生と老齢化した星の爆発的な終末などが繰り返されていること

これらの成果が，いまの時代に生きる一人ひとりの人々に投げかけるものは，宇宙の歴史のなかでこの時期に地球という天体上で生を受けたことの意味を，それぞれが自分への問いとして受け止めることの重要性だろう．

Part II
天体観測の魅力

　太陽を観測する場合を除けば，天体の観測は夜間に行われる．望遠鏡を用いて天体を観測するためには，望遠鏡の扱い方をあらかじめ習得しておくことが必要であり，ときには望遠鏡をもって天体観測に適した場所に出かけなければならない．さらに，天体を観測してさまざまなデータを測定するためには，目的の天体を一定期間継続観測することが求められる場合が多い．

　読者の皆さんが天体観測の重要性を認識して，いざ自分自身で天体観測に挑戦しようとしたとき，上に述べた事情はその一歩を踏み出すことを躊躇させる要因となるかもしれない．このハードルを簡単に越えさせてくれるのが，慶應義塾大学インターネット望遠鏡ネットワークである．

　本書の Part II では，インターネット望遠鏡ネットワークを利用して可能となる天文学の基礎的な観測テーマと，その観測手順および観測例を紹介する．まず『観測 A』では，天文観測の第一歩として，望遠鏡を使用しないで観測できる観測テーマを取り上げる．『観測 B』から『観測 G』では，インターネット望遠鏡を利用した観測テーマを紹介する．

　ところどころで数式が現れることもあるが，もしこれらの式で立ち止まざるを得ない場合は，それらを読み飛ばして先に進み，まずは天体観測に取り組んでみることをお勧めする．

　天文学の基礎に関するいくつかの観測テーマに挑戦することで，天体観測の魅力を体験すると同時に，自分で取った観測データを用いて天文学の基礎を検証する感動に触れてもらいたい．

観測 A
日影曲線の観測

2.2 節でも述べたように，日影曲線の観測には望遠鏡などの天体観測に付きものの特別な道具は必要としない．それにもかかわらず，太陽の日周運動という日々体験するありふれた現象を観測し，その動きから得られるデータを解析することで，自分の取ったデータを利用して，天文現象がもつ規則性を発見することができる．日影曲線の観測は科学的な視点から見ても，大変重要な意義をもっている．

地球から見たときの太陽の動きを表す曲線としては，このほかに均時差曲線やアナレンマがあり，これらの観測もまた興味深い観測テーマである．しかし，日影曲線の観測は半日弱の時間で終えることができるのに比べて，均時差曲線とアナレンマの観測には1年という長期間が必要となる．

そのため，ここではそれほど長期間を要しない日影曲線の観測に限定し，その観測法と観測例を紹介する．観測を容易に行うために，壁ではなく地上に立てられた棒の影の先端が描く日影曲線の観測にテーマを絞る．

☀ A.1　日影曲線観測の方法

地上に立てた棒がつくる日影の先端が太陽の日周運動によって描く日影曲線の観測を考えよう．長さ ℓ の棒を地面に垂直に立て，そのときにできる影が真北の方向となす角を α とする[*1]．また，影の先端と棒の先を結ぶ直線が地面となす角を h とする[*2]（図 A.1 参照）．

日影曲線の観測は，影の先端の位置を時間を追って記録することから始まる．日頃の体験からもよく知られているように，太陽は東から昇って高度を上げながら南の方向に移動し，真南に到達した後は次第に高度を下げながら西の方向に移動して，最後に西に沈む．棒を基準にしたとき，影は太陽の方向とは逆方向にできるため，太陽の動きにつれて影の先端は西から真北に移動し，その後東の方向に動く．

太陽の動きに合わせて影の先端が移動する様子を時間を追って調べるために，先端

[*1] 角度 α の符号は棒の影が真北よりも東寄りにあるとき正とし，真北よりも西寄りにあるとき負とする．
[*2] α と h は太陽の方位と高さ（角度）を表している．

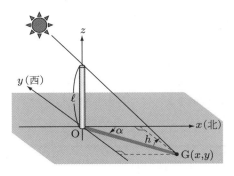

図 A.1 棒の影

の位置を決まった時間間隔ごとに測り（たとえば 15 分間隔），その位置を記録する．そのために，棒の位置から真北に向かう方向を x 軸の正にとり，真西に向かう方向を y 軸の正とする x, y 座標系を設定し，その座標系で影の先端の位置を表すことにしよう．この座標系で表した影の先端の位置が (x, y) のとき，つぎの関係が成り立つ．

$$x = \ell \left(\frac{\cos h}{\sin h} \right) \cos \alpha \tag{A.1}$$

$$y = - \ell \left(\frac{\cos h}{\sin h} \right) \sin \alpha \tag{A.2}$$

太陽の位置が移動するにつれて α と h も変化するので，先端の位置を表す座標 (x, y) も時間の関数となり，その結果として，日影曲線が描かれることになる．

以下では，時間を追って x と y がどのように変化するかをみる代わりに，発想を変えて，時間の関数としての $x(t)$, $y(t)$ が描く曲線の形を調べてみよう．ここで，x と y を棒の長さ ℓ で割った変数 $X = x/\ell$ と $Y = y/\ell$ を導入すると，X と Y はつぎの 2 次式を満たす．

$$(\varepsilon^2 - 1) X^2 - 2\varepsilon^2 \tan\phi X - Y^2 + (\varepsilon^2 \tan^2\phi - 1) = 0 \tag{A.3}$$

ここで，ϕ は観測地の緯度である．また，ε^2 は ϕ と太陽の赤緯 δ を用いて

$$\varepsilon^2 \equiv \frac{\cos^2\phi}{\sin^2\delta} \tag{A.4}$$

で定義される量であり，その絶対値 $|\varepsilon|$ は式 (A.3) で与えられる 2 次式の離心率である．

式 (A.3) が日影曲線を表す方程式である．式に現れる ϕ は観測地で決まる定数であり，太陽の赤緯 δ は太陽が東から昇って西に沈むまでの間にはほとんど変化しないことから，いまの場合，これも定数と考えてよい[*1]．したがって，式 (A.4) で定義

[*1] δ は 1 日の時間の間には変化しないが，1 年を通して考えたときは，季節によって変化する．この変化が 2.2 節で紹介した日影曲線群を与えている．

された離心率 ε は定数であるとみなすことができる．また，式(A.3)には棒の長さ ℓ が現れていないことからわかるように，観測に用いた棒の長さとは無関係に，観測地と観測日時に応じて日影曲線の形が決まる[*1]．

式(A.3)で表される2次曲線の形は，離心率 $|\varepsilon|$ の値によって表A.1のように分類される．この表からからわかるように，日影曲線には5種類の形がある．

表A.1 日影曲線の分類[*2]

離心率	2次曲線	関数
$\varepsilon = 0$	円	$X^2 + Y^2 = 1$
$0 < |\varepsilon| < 1$	楕円	$\left(X + \dfrac{\varepsilon^2 \tan\phi}{1-\varepsilon^2}\right)^2 + \dfrac{Y^2}{1-\varepsilon^2} = \dfrac{\varepsilon^2 \sec^2\phi - 1}{(1-\varepsilon^2)^2}$
$|\varepsilon| = 1$	放物線	$2\tan\phi\, X + Y^2 + (1 - \tan^2\phi) = 0$
$1 < |\varepsilon| < \infty$	双曲線	$\left(X - \dfrac{\varepsilon^2 \tan\phi}{\varepsilon^2-1}\right)^2 - \dfrac{Y^2}{\varepsilon^2-1} = \dfrac{\varepsilon^2 \sec^2\phi - 1}{(\varepsilon^2-1)^2}$
$|\varepsilon| = \infty$	直線	$X = \tan\phi$

日影曲線の観測により，自分の取ったデータが描く曲線が，上記の5種類のうちのどの曲線に対応するかを調べてみよう．曲線の形を決めるためには，この曲線の離心率を測定する必要がある．式(A.3)で表される曲線が X 軸と交わる点の X 座標値を X_0 とすると，つぎの式（式(A.3)で $Y = 0$ とおいて）

$$(\varepsilon^2 - 1)X_0^2 - 2\varepsilon^2 \tan\phi\, X_0 + (\varepsilon^2 \tan^2\phi - 1) = 0 \qquad (A.5)$$

が成り立つ．この式を ε^2 について解くと

$$\varepsilon^2 = \frac{X_0^2 + 1}{(X_0 - \tan\phi)^2} \qquad (A.6)$$

となる．この結果，観測で得られた日影曲線の離心率は，その曲線が X 軸と交わる点 X_0 と観測地の緯度 ϕ を，式(A.6)に代入することで求められることがわかる．

☀ A.2 日影曲線の観測例

★ 長野県立科町での観測データ

鉛筆と紙と棒を用意し，地面に立てた棒（長さ ℓ）の影の先端の位置を決まった時間間隔ごとに観測時刻とともに記録する．このとき，棒を通って真北に向かう半直線

[*1] 観測地は緯度 ϕ を，観測日時は太陽の赤緯 δ を決める．
[*2] 表A.1の $\tan\phi$ と $\sec\phi$ は，それぞれ $\tan\phi = \sin\phi/\cos\phi$，$\sec\phi = 1/\cos\phi$ を表す．

を紙の上に引き，x 軸とする．

　観測が一通り終了したら紙を回収し，その上に棒の位置を通って x 軸に直交する直線（y 軸）を引き，棒の位置を原点として x 軸（北向きを正の方向とする）と y 軸（西向きを正の方向とする）からなる座標系を設定する．記録した点のその座標系上での座標値 (x, y) と，それを棒の長さ ℓ で割った座標値 (X, Y)，およびその点を観測した時刻を表にまとめる．

　表 A.2 は，2004 年 8 月 12 日に長野県立科町で，長さ 5 cm の棒がつくる影を 9:00 から 16:00 まで，15 分間隔で観測した日影曲線のデータである[*1]．また，X 軸を横軸，Y 軸を縦軸とするグラフ上に表 A.2 のデータをプロットしたものが，図 A.2

表 A.2　日影曲線の観測データ（$\ell = 5$ cm）

時刻	x [cm]	y [cm]	$X(=x/\ell)$	$Y(=y/\ell)$
1	1.47	4.71	0.294	0.941
2	1.61	4.18	0.321	0.835
3	1.71	3.65	0.341	0.729
4	1.79	3.26	0.359	0.053
5	1.86	2.91	0.372	0.582
6	1.88	2.53	0.376	0.506
7	1.91	2.06	0.382	0.412
8	1.93	1.71	0.386	0.341
9	2.00	1.35	0.400	0.271
10	1.96	0.91	0.392	0.182
11	2.00	0.59	0.400	0.118
12	2.01	0.29	0.402	0.059
13	2.00	0.00	0.400	0.000
14	2.06	−0.74	0.412	−0.147
15	2.03	−1.31	0.406	−0.262
16	2.06	−1.56	0.412	−0.318
17	2.06	−2.12	0.412	−0.424
18	1.91	−2.44	0.382	−0.488
19	1.94	−2.82	0.388	−0.565
20	1.88	−3.32	0.376	−0.665
21	1.76	−3.82	0.352	−0.765
22	1.71	−4.32	0.341	−0.865
23	1.47	−4.88	0.294	−0.976
24	1.41	−5.47	0.282	−1.094
25	1.29	−5.94	0.259	−1.188
26	1.06	−6.56	0.212	−1.312
27	0.88	−7.44	0.177	−1.488

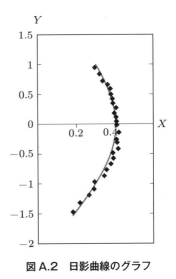

図 A.2　日影曲線のグラフ

[*1]　時刻は 9:00 を 1 番目とし，15 分間隔で進んで時刻 16:00 を 27 番目としている．

である．この図には，これらの点を再現する曲線も重ねて描いている．これが観測データから求められた日影曲線である．

★観測結果の考察

図 A.2 に描かれた日影曲線の形を知るために，この曲線の離心率を求めよう．求められた日影曲線が X 軸と交わる点の X 座標の値 X_0 は，$X_0 = 0.41$ であることがグラフから読み取れる．観測地の緯度（36.3°）から $\tan\phi = 0.734$ であることがわかるので，これらを式 (A.6) に代入すると，この日影曲線の離心率 ε は

$$\varepsilon^2 = 11.13 \quad \Rightarrow \quad |\varepsilon| = 3.34 \tag{A.7}$$

であることがわかる．求められた離心率の値は 1 よりも大きいことから，表 A.1 の分類に基づいて判断すると，観測で得られた日影曲線は北向きに凸な双曲線であることが明らかになった．

ところで，読者のなかには，図 A.2 の曲線以外にも，プロットされた観測データを結ぶ曲線を引くことが可能ではないかという疑問をもつ人もいるかもしれない．もしそうだとすると，その曲線が X 軸と交わる位置も変わることから，求められる離心率も変わってくるはずであり，観測から測定される離心率の値の決め方に曖昧さが残ることになるのではないか？

観測データの解析法に関するこの疑問はとても大切な問題であるが，プロットされたデータを結ぶ曲線の選び方に関してはつぎの『観測 B』で述べるので，ここではこの説明は割愛する[*1]．

ここで，プラハとチェスキークロムロフの日時計（図 2.8）には直線も描かれていたことを思い出そう．春分と秋分の日には，太陽は赤道の真上を通るので，そのときの太陽の赤緯 δ はゼロ（$\delta = 0$）となる．そのため，式 (A.4) からわかるように，離心率は無限大（$\varepsilon = \infty$）[*2] となり，結果として，春分と秋分のときの日影曲線は表 A.1 で分類された直線となる[*3]．さらに，ここで例に取り上げた観測は夏季に行われたものであるが，冬季に観測すれば，得られる日影曲線の形は逆向きに凸な双曲線となるはずである．ぜひ冬季および春分と秋分時の日影曲線の観測に挑戦し，上で述べた予想が正しいことを確認してもらいたい．

[*1] この問題に関しては，B.5 節の「最適曲線の求め方」を参照のこと．
[*2] $\sin\delta = 0$ なので．
[*3] このときの直線は $X = \tan\phi$ で表される．

観測 B
月の観測

　夜空に輝く月の美しさは肉眼でも十分に堪能できるが，望遠鏡を利用すれば，天体としての月がもつ新しい魅力に触れることが可能となる．インターネット望遠鏡には口径の小さいサブスコープ（倍率は低いが視野が広い）と口径が大きいメインスコープ（倍率は高いが視野は狭い）が用意されているので，これらの望遠鏡を使い分けることで月観測の魅力も多様になる．

　サブスコープを使えば，画面に月の全面をとらえることができるので，満月の美しい画像を取得することが可能となる．さらに，「動画」ウィンドウでこの像を観測すれば，画像の前面を横切る雲の動きを眺めることも可能となり，インターネット経由ではあるが，実際に天体を観測していることの臨場感を味わうこともできる．図 B.1 はミラノに設置してあるインターネット望遠鏡に日本からアクセスして撮った満月の画像である．また，月の満ち欠けや，図 B.2 のように月食時に月が地球の影に隠れていく様子を，時間を追って観測することもできる．

　さらに，経度の異なる地域に設置されたインターネット望遠鏡がネットワークで結ばれている利点を活かせば，2 地点から見た満月を同時に観測することもできる．図 B.3 は，府中市とニューヨークに設置してあるインターネット望遠鏡を利用して，ほぼ同じとき（UTC で同じ時刻）に府中市とニューヨークで同じ満月を観測した画像である[*1]．

図 B.1　ミラノの満月

[*1] 冬季には夜の時間帯が長くなるため，経度の異なる東京とニューヨークの 2 地点が同時に夜になるときを見計らって観測した．

98   観測B ★ 月の観測

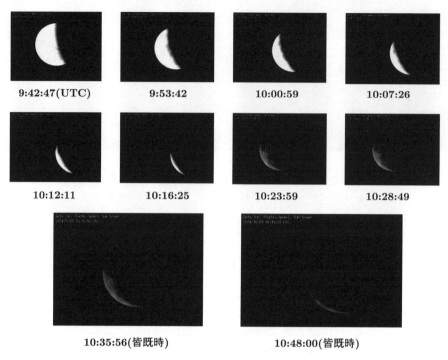

図B.2　皆既月食の進行状況（この後，雲が出て観測不可能に）

(a) 府中市2011年11月12日
　　UTC10:56:58
　　日本時間12日19:56:58（東の空）

(b) ニューヨーク2011年11月12日
　　UTC10:57:51
　　NY時間12日5:57:51（西の空）

図B.3　府中市とニューヨークから同時に観測した満月

　メインスコープを使って月を観測すれば，図B.4のような月面の画像を撮ることもできる．月面図と比べながら，自分のパソコンに取得した画像に写っているクレーターの名前を特定したり，クレーターの影の長さからそのクレーターの深さを求めるのも楽しみの一つだろう．

　月の画像を撮る魅力を十分に体験した後は，つぎのステップとして，3.2節で説明した月の公転に関する2種類の周期（近点月と朔望月）を自分で測定してみるテーマに取り組んでみよう．

図 B.4　メインスコープで撮った月の表面（4 枚貼り合わせ）

☀ B.1　インターネット望遠鏡による月の観測

朔望月は月の満ち欠けを調べることで測定できるが，それに比べると，月の公転周期を表す近点月の測定は難しい．しかし，以下のような方法を用いれば，インターネット望遠鏡のサブスコープを利用して，近点月と朔望月の周期を測定することができる．

図 B.5 は 2013 年 2 月 4 日に，ニューヨークに設置されているインターネット望遠鏡のサブスコープに導入されている月を，「スナップショット」ウィンドウで撮った画像である．月の周期測定には，この例のようなサブスコープで撮った画像を使用する．画像を自分のパソコンに保存する際にタイムスタンプ付きの **JPEG 形式**で保存すると，図のように撮影日時が **UTC**（coordinated universal time：**協定世界時**）で記録されて便利である[*1]．UTC と **JST**（**日本標準時**）との差は 9 時間（JST ＝ UTC ＋ 9 時間）である．図 B.5 の画像の場合は雲の影響は見られないが，観測時の天候によっては，月が雲によって遮られるようなことも起こる．それでも月の明るい部分がはっきりと確認できる状態であれば観測目的に大きな影響はないので，タイミングを見計らって画像を取得しよう．

ニューヨークに設置されたインターネット望遠鏡のサブスコープを使って，「スナップショット」ウィンドウで撮影される画面の範囲を角度で表すと，横が $0.995°$ で，縦は $0.759°$ に相当する[*2]．これがこの画面の画角である．言い換えれば，図 B.5 の黒い長方形は，図 B.6 に示すように，サブスコープの前に広がる宇宙空間から，縦

[*1] インターネット望遠鏡の視野にある天体の画像を自分のパソコンに保存するのは簡単である．その具体的な方法はに関しては，インターネット望遠鏡プロジェクトの web ページ上に掲載されているマニュアルを参照のこと．
[*2] 詳細はインターネット望遠鏡の web ページを参照のこと．

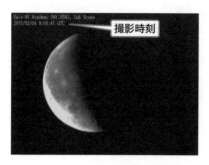

図 B.5 サブスコープで撮った月の画像

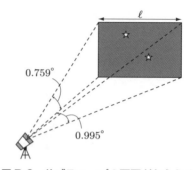

図 B.6 サブスコープの画面がとらえる無限の奥行きをもつ四角錐

と横がそれぞれ上記の角度に相当するような無限の奥行きをもった四角錐を切り取って一つの面上に映し出したものである．

☀ B.2 月までの距離の時間変化の観測

先ほどのようにして得られた画像を紙に印刷して，黒い長方形の横の長さ ℓ と月に外接する円の直径 d とを測定して，比例の関係式

$$\ell : 0.995 = d : q \tag{B.1}$$

から角度 q を求めれば，それが観測時における月の見かけの直径（視直径）を角度で表したものとなる．

式(B.1)の比例関係から求まる角度 q は度数法で表した角度（単位は度）であるから，これを弧度法の角度 θ（単位は rad（ラジアン））で表せば

$$\theta = \frac{\pi}{180} \times q = \frac{0.995 \times \pi \times d}{180 \times \ell} \; [\text{rad}] \tag{B.2}$$

となる．

もし月が地球から常に一定の距離に位置するならば，月の見かけの大きさは変化しないので（本来の月の大きさは一定であるため），その視直径は当然常に一定の値となるはずである[*1]．一方，同じ大きさの物体でも，近くにある場合と遠くに位置する場合とでは，写真に写る見かけの大きさは変化する．したがって，観測日時によって

[*1] 実際には観測地は地球の中心からずれているので，地球の自転の効果により，約24時間の周期で観測地から月までの距離に，地球の半径と同程度の大きさの変動が生じる．しかし，これを地球の中心から月までの距離と比較するとその比は0.017となり，1に比べてきわめて小さいので，ここではこの変動を無視することにする．

月の視直径が変化するならば，それは観測地点から月までの距離が時間とともに変化していることを意味する．

図 B.7 に示すように，観測者から月までの距離を L とし，実際の月の直径を D とすると，観測者が直径 D を見込む角度 θ は，非常によい近似で D/L に等しい．これは先に求めた画像から得られる視直径に等しいので，月までの距離 L は

$$\theta = \frac{D}{L} = \frac{0.995 \times \pi \times d}{180 \times \ell} \Rightarrow L = \frac{180 \times \ell \times D}{0.995 \times \pi \times d} \quad \text{(B.3)}$$

と表される．実際の月の直径 D は一定であるから，画像の印刷を ℓ が常に一定となるように行えば，この右辺で変化するのは分母の d（画像上の月の直径）だけである．そこで，式(B.3)を

$$L = \frac{k}{d}, \quad k \equiv \frac{180 \times \ell \times D}{0.995 \times \pi} \quad \text{(B.4)}$$

と書き直すと，月までの距離 L は見かけの直径 d に反比例する（k は一定なので）．したがって，測定された外接円の直径 d の逆数の変化を調べれば，月までの距離の時間変化の様子を求めることが可能となる．

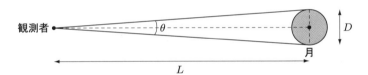

図 B.7 月までの距離と視直径

太陽と金星・火星を含むほかの惑星などからの影響は小さいものとしてそれを無視したとき，3.2 節で述べたように，地球を周回する月の公転運動は，地球と月の二つの天体からなる力学系とみなすことができる．このとき，地球から月までの距離 L の時間変化は，つぎの式で与えられる．

$$L = a(1 - \varepsilon \cos \tau) \quad \text{(B.5)}$$

式(B.5)の a は月の公転軌道長半径，ε は離心率を表す．また，

$$\tau = \omega(t - t_0), \quad \omega = \frac{2\pi}{T} \quad \text{(B.6)}$$

である．ここで，T は月の公転周期，t は観測時刻，t_0 は月が公転軌道上の近地点にあるときの時刻を表す[*1]．

[*1] 月の公転軌道の離心率 ε は 1 に比べてかなり小さいので，式(B.5)では ε の 2 次以上の項は無視した．

式(B.4), (B.5) から $k/d = a(1 - \varepsilon\cos\tau)$ が成り立つので，これを変形すると

$$\frac{1}{d} = K(1 - \varepsilon\cos\tau), \quad K = \frac{a}{k} \tag{B.7}$$

となる．これで，d の逆数が時間の経過につれてどのように変化するかがわかる．

d は月の画像に外接する円の直径であるので，月を1か月以上にわたって継続観測し（曇りの日を除いて），その画像を取得することで，d およびその逆数の時間変化を調べることができる．このようにして得られた d の逆数の時間変化をもっとも忠実に再現するように，式(B.7)の右辺に現れるパラメータ K，ε，τ を決めることで，観測データから月の公転周期 T（この場合は近点月）と離心率 ε が測定されることになる．

これが，月の見かけの大きさを継続観測して，そのデータを利用して近点月および離心率を測定する方法である．実際の観測例は B.5 節で紹介する．

☀ B.3 月の満ち欠けによる輝面比の時間変化の観測

図 B.5 のような写真から，月に関するもう一つの情報として，月の**輝面比** κ が得られる．月の輝面比とは，地球から見た月面全体（明るい部分だけでなく暗い部分も含める）の面積に対する，月の明るく見える部分の面積の比である．輝面比は満月のときに 1 となり，新月のときに 0 となる．月面の単位面積あたりの明るさが場所によらないとすれば，これは満ち欠けによる月の明るさの変化を示すものともいえる．

月の見かけの大きさを求めるときは，取得した月の画像の直径を測定した．輝面比を求めるにはこれに加えて，月の明るい部分と暗い部分との境界線（**明暗境界線**）に内接する円の直径も測定する．この内接円の直径を b とすると，輝面比はこの b と先に測定した月に外接する円の直径 d とで表すことができる．

これを理解するために，まず図 B.8 のように，明るい部分が月面の半分以上を占める場合を考えよう．このとき，地球からは図 B.8 に示した明るい部分が見えている．図の明るい部分には，明暗境界線がつくる楕円と，それに内接する円とを破線で示した．これらは 2 点 B，B′ でたがいに接している．楕円の面積は $\pi \times \mathrm{OA} \times \mathrm{OB}$ で与えられ，月の面積は $\pi \times \mathrm{OA}^2$ であるから，明るい部分の面積は，$\pi \times \mathrm{OA} \times (\mathrm{OA} + \mathrm{OB})/2$ となる．これと月の面積との比が輝面比であるから

$$\kappa = \frac{\text{月面の明るい部分の面積}}{\text{月の表面全体の面積}} = \frac{\mathrm{OA} + \mathrm{OB}}{2 \times \mathrm{OA}} = \frac{\mathrm{AB}}{\mathrm{AC}} \tag{B.8}$$

となる．これは，測定された二つの直径 d（= AC）と b（= BB′）を用いて

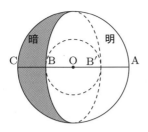

図 B.8　地球から見た月
（明部が広い場合）

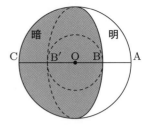

図 B.9　地球から見た月
（暗部が広い場合）

$$\kappa = \frac{d+b}{2d} \tag{B.9}$$

と表すことができる．

つぎに，図 B.9 のように明るい部分が月面の半分以下となる場合を考えると，明るい部分の面積は $\pi \times \mathrm{OA} \times (\mathrm{OA} - \mathrm{OB})/2$ となり，輝面比は

$$\kappa = \frac{\mathrm{OA} - \mathrm{OB}}{2 \times \mathrm{OA}} = \frac{\mathrm{AB}}{\mathrm{AC}} \tag{B.10}$$

あるいは

$$\kappa = \frac{d-b}{2d} \tag{B.11}$$

と表される．

ところで，図 B.9 のように見える月を月の北極上空から見ると，図 B.10 のように見えるだろう．このとき，月の中心と地球とを結ぶ線分と，月の中心と太陽とを結ぶ線分がなす角を i とすると，b は線分 BB' を AC 上に射影した長さであるから，つぎの関係が成り立つ．

$$\frac{b}{d} = \sin\left(i - \frac{\pi}{2}\right) = -\cos i \tag{B.12}$$

したがって，

$$\cos i = -\frac{b}{d} \tag{B.13}$$

である．図 B.10 の状況では角 i が鈍角であるから，その余弦関数は負となる．一方，図 B.8 のような状況では，角 i が鋭角となる．この場合，

$$\frac{b}{d} = \sin\left(\frac{\pi}{2} - i\right) = \cos i \tag{B.14}$$

である．今度は

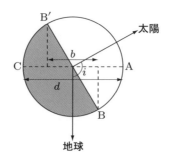

図 B.10 月の北極の上方から見た様子

$$\cos i = \frac{b}{d} \tag{B.15}$$

となり，余弦関数は正である．特別な場合として，$i=0$ は満月，$i=\pi$ が新月である．

i が鈍角のとき（図 B.9 のように暗い部分が多いとき）には，内接円の直径 b の符号を負にとることに決めれば，式(B.15)は式(B.13)も含むことになるので，i が鋭角の場合と鈍角の場合をまとめて，輝面比 κ と角 i の関係式

$$\kappa = \frac{1}{2}(1 + \cos i) \tag{B.16}$$

$$\cos i = \frac{b}{d} \tag{B.17}$$

が得られる．

時刻 $t = t_0$ のとき，月が満月の位置にあったとすると

$$i = \frac{2\pi(t - t_0)}{T'} \tag{B.18}$$

と表せる．ここで，T' は満月から満月までの時間（新月から新月までの時間：朔望月）を表す．式(B.18)の i を式(B.17)に代入すれば

$$\frac{b}{d} = \cos\left\{\frac{2\pi(t - t_0)}{T'}\right\} \tag{B.19}$$

となり，式(B.16)に代入すると，輝面比 κ がつぎのように与えられる．

$$\kappa = \frac{1}{2}\left[1 + \cos\left\{\frac{2\pi(t - t_0)}{T'}\right\}\right] \tag{B.20}$$

この結果，月に外接する円の直径 d と明暗境界線に内接する円の直径 b を測定し，その時間変化を調べることで，朔望月の周期 T' を求めることができる．朔望月の観測例も B.5 節で紹介する．

B.4 近点月と朔望月の測定手順

ここまで，地球と月との距離の時間変化を測定する方法と，輝面比の時間変化を測定する方法を分けて説明したが，実際には，つぎの1〜6の手順に従って，二つの時間変化を一挙に測定できる．

1. サブスコープで撮影した月の画像をいつも同じ条件で印刷する（式(B.3)の ℓ を一定に保つため）．
2. 印刷した画像の月の直径 d を測定する．
3. 測定した直径の逆数 $1/d$ を求め，その時間変化をプロットしたグラフを作成する．
4. 印刷した画像の月の明暗境界線に内接する円を描き，その直径 b を測定する．
5. 月の直径 d に対する内接円の直径 b の比 b/d を計算し，その時間変化をプロットしたグラフを作成する．
6. 輝面比 κ を

$$\kappa = \frac{(1+b/d)}{2}$$

から求め，その時間変化をプロットしたグラフを作成する．

このような1〜6の手順で観測を行えば，$1/d$ と b/d（および輝面比 κ）の時間変化を表すグラフが得られる．これらのグラフを解析することで，近点月と離心率および朔望月を求めることができる．

B.5 周期測定の例

ここでは，参考までに実際の観測データと，そのデータを利用して月の近点月と朔望月および離心率を求める例を紹介しよう．

★ 観測データ

表B.1は，2012年6月28日から2012年9月12日までの約80日間の観測データの一部である．第1列は観測日，第2列は観測時刻，第3列は観測から求めた月の外接円の直径 d，第4列は明暗境界線の内接円の直径 b である．また，第5列は観測開始日の6月28日0時から観測日時までの経過日数，第6列は $1/d$，第7列は b/d，第8列は輝面比 κ の値を記録したものである．

表B.1 観測データの例

観測日	観測時刻	d[cm]	b[cm]	経過日数[日]	$1/d$[1/cm]	b/d	κ
2012/6/28	3:44:56	8.79	2.28	0.156	0.114	0.260	0.630
2012/6/29	4:08:45	8.86	4.08	1.17	0.113	0.460	0.730
2012/7/2	3:14:58	9.14	8.51	4.14	0.109	0.931	0.965
2012/7/3	3:30:40	9.21	9.14	5.15	0.109	0.992	0.996
2012/7/5	6:38:38	8.93	8.47	7.28	0.112	0.949	0.974
2012/7/6	5:15:04	8.79	7.66	8.22	0.114	0.872	0.936
2012/7/8	6:38:47	8.44	4.81	10.3	0.118	0.571	0.785
2012/7/9	5:16:11	8.33	3.34	11.2	0.120	0.401	0.700
2012/7/10	5:55:30	8.29	1.58	12.2	0.121	0.191	0.595
2012/7/11	8:12:54	8.15	-0.18	13.3	0.123	-0.022	0.489
2012/7/13	8:04:48	8.05	-3.62	15.3	0.124	-0.450	0.275
2012/7/15	8:37:48	7.94	-5.76	17.4	0.126	-0.726	0.137
2012/7/25	1:19:32	8.61	-2.35	27.1	0.116	-0.273	0.363
2012/7/26	0:56:54	8.79	-0.21	28.0	0.114	-0.024	0.488
2012/7/28	2:06:45	8.89	4.22	30.1	0.112	0.474	0.737
2012/7/30	1:53:36	8.82	6.96	32.1	0.113	0.789	0.894
2012/7/31	1:42:49	8.79	8.01	33.1	0.114	0.912	0.956
2012/8/1	1:03:41	8.82	8.68	34.0	0.113	0.984	0.992

★ 観測データの解析

観測データを横軸を経過日数, 縦軸をそれぞれ $1/d$ と b/d にとったグラフにプロットしたものが, 図B.11と図B.12である. これらのグラフからは, $1/d$ と b/d がともに周期的に変化していることがわかる.

式(B.7)から, $1/d$ の最大値と最小値の和を2で割った値が比例係数 K に, また, それらの差を $2K$ で割った値が離心率 ε に等しいことがわかる. そこで, 図B.11で $1/d$ の最大値および最小値を読み取り, それらの値を用いて K と ε を計算すると, それぞれ $K = 0.004$ [1/cm], $\varepsilon = 0.058$ となる. 同様にして, 規則的に変化する $1/d$ の周期 T は27.8日であり, t_0 は60.1日であることが読み取れる[*1]. これらの値は図B.11から読み取った目分量であるが, その値を式(B.7)に代入して得られた曲線を図B.11に重ねて表示すると, 図B.13のようになる.

同様にして, 図B.12から周期 $T'(= 30$ 日$)$ と $t_0 = 64.4$ 日を読み取り, その値を式(B.19)の右辺に代入して得られた曲線を図B.12に重ねて表示したものが, 図B.14

[*1] t_0 は $1/d$ が最小となる時刻なので, ほかにも $t_0 = 4$ 日, 30日などととることもできるが, 図B.11からわかるように $1/d$ は周期的に変化するので, 結果としてどれを選んでも同じである.

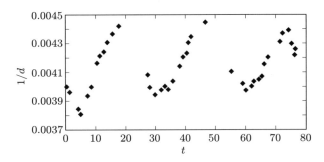

図 B.11　$1/d$ の時間変化のデータ

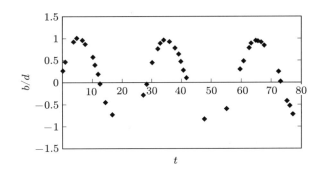

図 B.12　b/d の時間変化のデータ

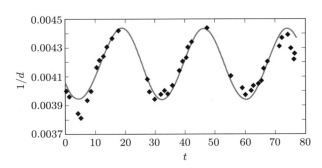

図 B.13　$1/d$ の時間変化のデータと曲線

である.

　図 B.13 と図 B.14 を見ると，観測データと曲線はほぼ一致していることがわかる．このことから，図 B.11 と図 B.12 から読み取った近点月の周期 T と朔望月の周期 T'，および月の公転軌道の離心率の測定値は

$$T = 27.8\,\text{日}, \quad T' = 30.0\,\text{日}, \quad \varepsilon = 0.058$$

108　観測B ★ 月の観測

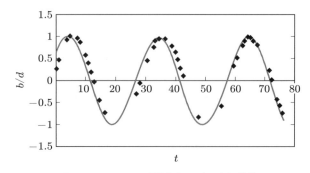

図B.14　b/d の時間変化のデータと曲線

となる．これらは $1/d$ と b/d の測定データから読み取ったものであり，その意味で，自分自身の観測データから求めた測定値である．データから測定値を求める段階では，とくに複雑な計算をする必要がないことから，ぜひ多くの人に試してもらいたい親しみやすい観測テーマである[*1]．

★ 最適曲線の求め方

　図B.13と図B.14の曲線は，測定データから読み取った目分量により得られたものであった．しかし，これらの曲線が観測データをもっともよく再現したものであるか否かは必ずしも明らかではない．試しに，図B.13で離心率 ε や周期 T の値を少し変えて曲線を描いてみると，同じような曲線が得られることがわかる．式(B.7)の右辺に現れるパラメータ K，ε，T，t_0 をいろいろ変えると少しずつ異なる曲線が得られるが，そのうちのどの曲線が観測データ $1/d$ をもっともよく再現しているかを判断することは，観測データからこれらの測定値を決めるうえでの重要な課題となる．

　観測データをもっともよく再現する曲線を，このデータの **最適曲線** とよぶ．目で見るだけで最適曲線を決めることは大変困難であり，決定が妥当であるか否かの判断基準も明らかではない．以下では，最適曲線を決定する方法として，データ解析の分野でよく利用されている方法を採用し，それを利用したときの測定値を求めてみよう[*2]．

　図B.13からわかるように，各観測時刻における観測データ $1/d$ の値と，同じ時刻における曲線上の値は必ずしも一致していない．このことから推測されるように，すべての観測時刻における観測データと曲線上の値の差を可能な限り小さくするような曲線を選ぶことで，データにもっとも忠実な曲線が求められると考えられる．その方

[*1]　d および b のデータを取ることも，インターネット望遠鏡を利用すれば容易に行うことが可能である．

[*2]　以下で説明する最適曲線を求めるための考え方は，『観測A』の日影曲線の観測でデータをもっともよく再現する曲線を求める場合にも適用できる．最適曲線の求め方が理解できたら，もう一度『観測A』に戻って日影曲線のより精密な解析をしてみよう．

法としては，各時刻のこれらの差の 2 乗をすべて足し合わせたもの（これを残差とよぶ）が最小になるように曲線を表すパラメータを決め，このとき得られた曲線を最適曲線とする方法[*1]がある．このようにして求められた最適曲線を与えるパラメータが，観測データから求められた離心率 ε や周期 T の測定値となる．観測データから測定値を求めるために利用する上記の方法を，最小二乗法とよぶ．

さて，これで最適曲線を求めるための考え方が明らかになったが，実際に図 B.11 と図 B.12 の最適曲線を求めるには，それぞれの残差が最小になるように曲線のパラメータを選ぶ必要がある．パラメータをいろいろ変えながら，手動でこの作業を実施するのは非常に困難であるが，表計算ソフト Excel にはこの作業を自動で実行してくれる機能（ソルバー）がある[*2]．この機能を用いて求めた最適曲線を，それぞれ図 B.15 と図 B.16 に示す．

図 B.15 の最適曲線を与えるパラメータの値は，それぞれ $t_0 = 60.1$ 日，$K = 0.004$

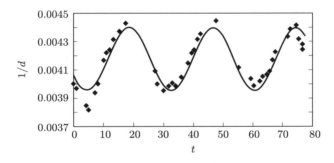

図 B.15　$1/d$ の最適曲線

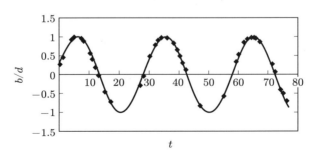

図 B.16　b/d の最適曲線

[*1] 差そのものの和ではなく，差の 2 乗の和を取るのは，以下のような理由による．差そのものには正の場合と負の場合があるため，データと曲線が大きくずれていても差の和は打ち消し合って小さくなることも起こる．しかし，差を 2 乗してその和を取ることで，そのようなことを防ぐことができる．

[*2] Excel の初期設定ではソルバーを使える状態になっていない場合もある．その場合は，「ファイル」→「オプション」→「アドイン」→「設定」→「ソルバーアドイン」をオンに設定し直すことで，ソルバーが利用可能となる．その後，「データ」からソルバーを立ち上げる．

[1/cm]，$\varepsilon = 0.052$，$T = 27.8$ 日である．また，図 B.16 の最適曲線を与えるパラメータの値は，それぞれ $t_0 = 65.0$ 日，$T' = 29.6$ 日である．

★ 観測結果の考察

すでに説明したように，図 B.15 の最適曲線を与えるパラメータ T は月が公転軌道上でもとの位置に戻る周期（近点月），ε は月の公転軌道の離心率である．また，図 B.16 の最適曲線を与えるパラメータ T' は，新月から新月（満月から満月）までの周期（朔望月）である．この結果，6 月 28 日から 9 月 12 日までの約 80 日間の継続観測によって求められる近点月と朔望月の周期，および公転軌道の離心率 ε の測定値は

$$T = 27.8 \text{ 日}, \quad T' = 29.6 \text{ 日}, \quad \varepsilon = 0.052$$

であることがわかる．これらの結果を，表 3.2 の近点月（27.55 日）と朔望月（29.53 日），および実際の離心率 $\varepsilon = 0.051$ と比較すると，それらの測定値はそれぞれかなりの精度で求められたといえるだろう．

日常的な感覚としては，満月からつぎの満月までに，およそ 30 日かかることを知っている人は少なくないだろう．一方で，近点月を日常の経験から求めることは大変困難である．しかし，ここで示したように，インターネット望遠鏡を利用した簡単な測定によって，月は楕円軌道（離心率 $\varepsilon = 0.051$）を描いて地球の周りを公転すること，その周期は 27 日あまりであることを，自分が取った観測データから確認することができる[*1]．

朔望月と近点月の差が地球の公転運動が原因で生じることは，すでに述べたとおりである．このことから，インターネット望遠鏡を用いた月の観測を通じて，間接的にではあるが，地球が公転運動をしていることも確認したことになる．

[*1] 近点月を求めるための観測データから，月の公転軌道長半径 a と月の半径 D の比 a/D の大きさも測定できるが，これは読者への演習問題として残しておきたい．

観測C
彗星の観測

4.4節でも紹介したように，彗星は古くから洋の東西を問わず関心をもたれていた天体であり，現在も明るい彗星が近づいて来ることが予測されると，その美しい天体を眺め，またその写真を撮ることを楽しみにしている人も多い．

2013年，北半球で複数の明るい彗星が見られることが予想され，大きな話題となった．その一つが，2013年の3月から5月にかけて観測された**パンスターズ彗星（C/2011 L4）**である．最大光度がマイナス等級となる肉眼彗星として期待され，実際3月上旬にその明るい姿が観測された．ただ，日本やニューヨークでは，この時期には彗星の高度が低く，なおかつ日没直後しか見られなかったため，観測が困難であった．その後，3月下旬から4月上旬になると，日没後しばらくの間と日の出前に観測できるようになった．

C.1　彗星の明るさ

図C.1は，2013年3月30日に撮影されたパンスターズ彗星の画像である．彗星の核の部分は明るく輝き，尾がはっきりと写っていることがわかる．なお，画像に見える黒い筋は，ニューヨーク学院の望遠鏡敷地の周りにある木の影である．これからも，この画像が低空で撮られたものであることがわかる．その後，彗星は急激に暗

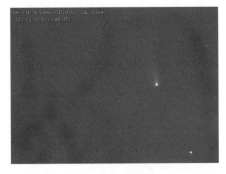

図C.1　パンスターズ彗星
（2013年3月30日撮影）

図C.2　パンスターズ彗星
（2013年4月25日撮影）

なっていき，インターネット望遠鏡のサブスコープでは，ぼんやりとしたコマしか観測できないようになる．図C.2は約1か月後の2013年4月25日に撮影した画像で，中央にぼんやり見えるのが彗星像である．カメラの感度を上げているため，全体的に白っぽい画像になっている．

4.4節で説明したように，彗星は大きく変形した楕円軌道に沿って移動するため，軌道上のどの位置にあるかによって，地球から彗星までの距離は大きく変わる．そのため，地球に近づいてくるにしたがって彗星は明るくなり，遠ざかるときは次第に暗くなり，そのうち暗くなりすぎて観測不可能になる．また，彗星が太陽に近づくにつれて，太陽から放出される太陽風によって核を構成する物質が吹き飛ばされるため，彗星は少しずつ小さくなり，それだけ光度が小さくなる．その場合の光度の変化は，彗星ごとに異なることが予想される．ときには，2013年に太陽に近づいた**アイソン彗星**のように，期待された明るさになる前に彗星自体が分裂してしまう場合もある．

このような理由により，彗星の光度を予測することは非常に難しく，「来てみないとわからない」というのが実状である．そのため，自分たちの手で彗星の観測を行うことで，その光度曲線を求め，さらにその光度変化の理由について，科学的に追究することは大変興味深い．

ここでは，彗星の明るさ測定（測光）の方法と，その観測例について紹介しよう．

☀ C.2 彗星の明るさ測定の方法

まず，彗星の明るさ測定の方法を紹介しよう．そもそも「天体の明るさ」はどのようにして測定されるのだろうか？ 単純に考えれば，画像処理ソフトウェアで目的の天体の明るさを測定すればよいのだが，それだけでは測定された天体の明るさはその日の空の状況に左右されることになる．曇りの日と晴れの日では，同じ天体でも見かけ上の明るさはまったく異なるからである．月明かりや屋外の照明などの影響を受けた場合も同様である．これらの影響を取り除くことは相当難しいように思われるかもしれない．ところが，この困難を克服するよい方法がある．

恒星の見かけの明るさ（等級）については，これまでの観測に基づいた膨大なデータがある．そのため，測光対象の天体のごく近くにある恒星を観測対象の天体と一緒に撮影することで，その恒星の明るさを基準にして，目的の天体の明るさを相対的に求めることができる．基準とする恒星のことを**標準星**とよぶ．この方法で得られた天体の明るさは，雲や月明かり，さらには街明かりなどの環境に左右されることはない．目的の天体と標準星は，同じように観測時の環境の影響を受けるからである．

以上は天体の明るさを測定するうえで，彗星にかぎらずすべての天体に共通する事

情であるが，彗星の明るさ測定にあたっては，このほかに彗星に特有な困難がある．それは，恒星と彗星の形状の違いによるものである．恒星の見かけのサイズは小さいので，測光の際の範囲選択は容易であり，星の周囲を囲めば十分である．あるいは，測光ソフトウェアの自動調整にまかせておいてもよい．一方，彗星の像にはコマ，尾などの広がりがある．そのため，測光にあたっては，彗星のどこからどこまでを対象にすべきであるかという難しい問題が生じる．コマを含んだ（尾は含まない）部分の光度を**全光度**，核の部分のみの光度を**核光度**という．測光の際には，まず最初にどちらの光度を測定するのかを決めなくてはならない．

通常の望遠鏡を用いて全光度を測定する場合は，「ピントを外して標準星の像をぼかし，彗星と比較できるようにして」測定する方法がある．しかし，インターネット望遠鏡を用いた彗星の観測ではサブスコープを利用することになるが，サブスコープのピントは操作できないため，この測定方法は使えない．そのため，測光用のソフトウェアで範囲を細かく指定しながら，彗星の光度を決定することになる．

測光用のソフトウェアとして，市販品であれば「**ステライメージ**」が大変便利である．無料のものでは，国立天文台とアストロアーツによる「**マカリ（Makali`i）**」がある．このようなソフトウェアを使用すれば，インターネット望遠鏡を利用した観測でも天体の測光を行うことができる．

ところで，測光の原理はどうなっているのだろうか？ コンピュータによるデジタル処理では，星の明るさは画像の面積内に含まれる**ピクセル（画素）**の**階調**と数とによって表される．画面上の同じ面積をもつ二つの領域を比べると，ピクセルの階調が高い，もしくはピクセル数の多いほうの領域がより明るく見えるからである．したがって，星の明るさは，階調とピクセル数を掛け合わせて和をとることで求められる．このようにして求められた明るさの値を**カウント**とよぶ．この方法で得られた標準星と彗星のカウントをそれぞれ n_1，n_2 とする．さらに，標準星の光度（みかけの等級）を m_1 としたとき，彗星の光度 m_2 は

$$m_2 = m_1 - 2.5 \log_{10}\left(\frac{n_2}{n_1}\right) \tag{C.1}$$

で与えられる[*1]．

なお，彗星と標準星のカウントを求めるときは，求めたカウントからそれらの天体の周辺領域で星がない場所（これを **sky 領域**という）のカウントを引いておくことが必要である．sky 領域は星がなくても真っ暗ではないので，最初に求めたそれぞれの天体のカウントには，それらの天体の周辺にある sky 領域のカウントが足されて

[*1] 式(6.2)で，I_1 と I_2 をそれぞれ n_1 と n_2 に置き換えればよい．

いるからである．この処理も，ソフトウェア内で天体の周りの領域を指定することにより行うことができる．

C.3　パンスターズ彗星の測光例

インターネット望遠鏡を用いた彗星の測光観測の実例として，パンスターズ彗星の等級測定（全光度測光）を紹介する[*1]．測定の手順はつぎのとおりである．

1. インターネット望遠鏡にログインし，「スライド」ウィンドウ上でサブスコープが選択されていることを確認する．
2. 「星図」ウィンドウの右下の「太陽系」と記されているドロップダウンリストから，目的の彗星を選ぶ．「星図」ウィンドウ内に彗星が描かれたら，「導入」ボタンをクリックし，「スライド」ウィンドウに彗星を導入する．
3. 「星図」ウィンドウの彗星の周りに映っている星を標準星とするため，「星図」ウィンドウの画像上の星にマウスポインタを合わせて標準星の名前を記録しておく．標準星によっては暗すぎたり明るすぎたりするかもしれないので，複数個の標準星を記録しておくのが望ましい．
4. 「スライド」ウィンドウに彗星が映ったら，「感度」と「露出時間」を調整する．JPEGフォーマットの画像では，彗星が明るすぎると飽和してしまう可能性があるので注意する．
5. 「スライド」ウィンドウの画像をダブルクリックして「スナップショット」ウィンドウを開き，観測画像を保存する．
6. 測光用ソフトウェアを起動し，保存した画像を読み込んで測光を行う．標準星の光度はステラナビゲータなどのプラネタリウムソフトで調べられるので，それを用いて彗星の光度を式(C.1)から求める．

図C.3は，2013年の3月から5月にかけて，インターネット望遠鏡を利用して観測したデータと，ほかの観測者（Astrosite GRONINGEN）によるデータを比較したものである．観測したのはパンスターズ彗星が地球から遠ざかりつつあったときなので，図C.3からはその光度が少しずつ小さくなっていることが読みとれる．二つのデータを比較すると，その増減の様子を表す光度曲線はほぼ同じ形をもっていることがわかる．その一方で，インターネット望遠鏡で測定した光度の値はほかの観測者のものと比べて，ほぼ1等級暗くなっていることがわかる．その理由としては彗

[*1] この観測は，秋田県立横手清陵学院高校でスーパーサイエンスハイスクール（SSH）の課題研究として行われたものである．

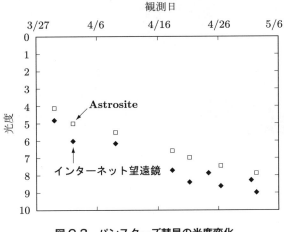

図 C.3　パンスターズ彗星の光度変化

星の形についてどこまで測定対象とするかなどのさまざまな要因が考えられるが，詳細はまだ明らかになっていない．今後の検討課題である．

　ここで挙げた例からもわかるように，インターネット望遠鏡を利用することで，彗星の光度測定とその時間変化の様子を，自分で取ったデータで調べることができる．毎年いろいろな彗星が近づいて来ることから，夜空に美しい尾をもつ彗星のすばらしさに感動するとともに，それから一歩踏み出してその明るさの変化を観測し，その変化の原因について科学的な考察を加えてみることを勧めたい．

観測D
ガリレオ衛星の観測

　読者のなかには，望遠鏡で木星を直接見た経験をもつ人も多いのではないだろうか？　そのとき，木星の近くで小さいが明るく輝くガリレオ衛星の美しさに感動した人もいるかもしれない．そのような人には，つぎのステップとして，その後数日間にわたって，それらの衛星を継続観測することを勧めたい．わずか数日間の短い時間の間にも，ガリレオ衛星が素早く動き回って，頻繁にたがいの位置を変える様子を見ることができるだろう．また，4個すべてのガリレオ衛星を見ることができる場合もあれば，ときにはそれよりも少ない数の衛星しか見えないこともある．見える個数が変化する理由は，衛星が木星の背後に回ったり，または前面に位置したりして見えなくなるためである[*1]．見える個数の変化を含めて，たがいの位置関係を頻繁に変える様子は，ガリレオ衛星が目まぐるしく動き回っていることを意味しており，そのような興味深い現象が宇宙で実際に起こっているという事実に驚かされる．

　ガリレオ衛星を観測して受ける感動は，そのとき見えている個々の衛星が，4個のガリレオ衛星のいずれであるかを特定することでさらに大きくなる．その意味で，望遠鏡で木星を観測したときには，木星の周りで光っているガリレオ衛星の名前もぜひ特定してもらいたい．しかし，望遠鏡の視野に見えているガリレオ衛星について，それぞれの名前がわかる人は少ないのが実情ではないだろうか？　インターネット望遠鏡では，望遠鏡の視野にある衛星の名前を容易に調べられるための工夫と，木星とそれらの衛星間の角距離（分離角）を簡単に測定できるための機能が用意されている．

　以下では，インターネット望遠鏡のもつこの利点を活かして，ガリレオ衛星系においてケプラーの第3法則が成り立つことを検証するための具体的な手順を説明し，その観測例を紹介しよう．

[*1] 木星の前面にあるときも，木星の明るさのために衛星は観測できない．また，頻度は少ないが，衛星がほかの衛星の影に隠れること（衛星の食）により，見える衛星の個数が変化することも起こる．

☀ D.1　ガリレオ衛星系とケプラーの第3法則

ここで，改めてガリレオ衛星に対するケプラーの第3法則を書き下すと，

- 各ガリレオ衛星の公転周期の2乗は，その衛星の軌道長半径（楕円軌道の長半径）の3乗に比例する

となる．また，この法則を式で表すと，

$$P_s^2 = \left(\frac{4\pi^2}{GM_J}\right)a_s^3, \quad (s = イオ, エウロパ, ガニメデ, カリスト) \quad \text{(D.1)}$$

となる．ここで，P_s と a_s は各衛星の公転周期と軌道長半径を表す．また，M_J は木星の質量である．この式は

$$\frac{a_{イオ}^3}{P_{イオ}^2} = \frac{a_{エウロパ}^3}{P_{エウロパ}^2} = \frac{a_{ガニメデ}^3}{P_{ガニメデ}^2} = \frac{a_{カリスト}^3}{P_{カリスト}^2} = \frac{GM_J}{4\pi^2} \quad \text{(D.2)}$$

と書き直すことができる．

ガリレオ衛星観測の考え方

図 D.1 は，2011 年 10 月 10 日 2 時 16 分 16 秒（UTC）に撮った画像である．左から順に，エウロパ，イオ，ガニメデ，木星，カリストである．この画像からわかるように，地球から見たとき，ガリレオ衛星は木星を通る直線上に並んで位置しているように見える．さらに，4.5 節の図 4.7 を見ると，4 個のガリレオ衛星が同一直線上で木星を中心として左右に移動しながら，たがいの位置関係を変えていることがわかる．

地球から観測したときにガリレオ衛星がほぼ直線上に並んで見えるのは，木星の公

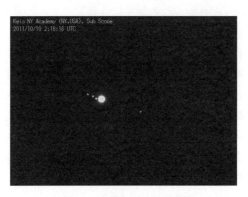

図 D.1　木星とガリレオ衛星

転面(太陽の周りを運動する平面)に対して,各衛星の軌道面[*1]がほとんど傾いていない(傾斜角が小さい)ためである.また,衛星が同一直線上を木星を中心として左右に規則正しく動いているように見えるのは,各衛星がその公転面でほぼ円軌道(離心率が1に比べて非常に小さい)を描いて運動しているためである.そのため,それぞれの衛星は木星を中心に同じ直線状を左右に周期的な往復運動をしているように見える.

この様子を表したものが,図D.2(a),(b)である.図(a)は木星と衛星の配列をガリレオ衛星の公転面の真横から見たときを表し,図(b)は公転面の上から見たときを表している.実際には,地球は図で示されているよりも木星からとても離れたところにある.この図からわかるように,ガリレオ衛星が図(b)の配置にあるとき,地球からこれらの衛星を観測したときの各衛星の見え方は図(a)のようになる.

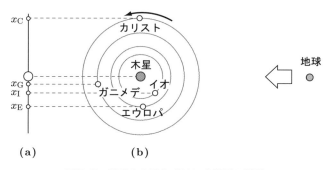

図D.2 地球から見たガリレオ衛星の運動

図D.2はある時刻における木星とガリレオ衛星の位置関係を示したものであり,時間が経過するにつれて,これらの天体の位置関係は変化する.時間が経過したときの様子を調べるために,どれか一つの衛星に注目して,その運動の様子を表したのが図D.3(a)〜(c)である.

図(b)は,時間が経過して時刻が順に t_1 から t_8 と変わるにつれて,その衛星が木星を中心とする円軌道を描いて運動する様子を示したものである.また,地球から観測したときのこの衛星の見え方を示したのが図(a)であり,衛星が木星を中心として左右に(図では,木星を通る直線を上下に)往復運動するように見えることを示している.さらに,このときの直線上における衛星の位置 x_n ($n = 1, 2, \cdots, 8$) が変化する様子を,x を縦軸に,観測時刻 t を横軸に取ったグラフ上にプロットしたものが,図(c)の白丸である.

[*1] この場合の軌道面は,衛星が木星の周りを運動するときの面を意味する.

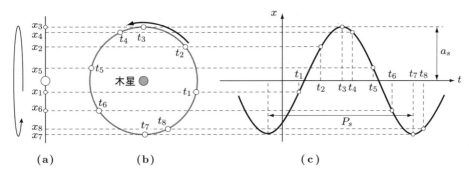

図D.3　ガリレオ衛星の位置の時間変化

衛星が近似的に円軌道を描くとみなしたとき，その位置を表す x は，$x=0$ を中心としてその上下に規則正しく振動するので，その時間変化は三角関数を用いて

$$x_s(t) = A_s \sin\left(\frac{2\pi}{P_s}t\right) + B_s \cos\left(\frac{2\pi}{P_s}t\right) \tag{D.3}$$

($s=$ イオ，エウロパ，ガニメデ，カリスト)

と表せる．ここで A_s, B_s は各衛星に固有の係数であり，$\sqrt{A_s^2+B_s^2}$ がその衛星の公転軌道半径 a_s となる[*1]．また，P_s はそれぞれの衛星の公転周期である．

図(c)には，式(D.3)で与えられる曲線も一緒に描いている．この曲線の山の高さが軌道半径 a_s を，山から山，または，谷から谷までの経過時間がその衛星の公転周期 P_s となる．図D.3はある特定の衛星に注目したときのものであるが，ほかの衛星に関しても同様の図を描くことができる（軌道半径と公転周期は衛星ごとに異なる）．

これまでの説明からわかるように，ケプラーの第3法則の検証を目的にしてガリレオ衛星を観測するときの考え方は，以下のとおりである．

(1) 1か月近く4個の衛星を継続観測し，観測時間ごとに木星とそれらの衛星間の離れ具合を表す量 x_s を測定する．各衛星ごとにそのデータを，観測時間を横軸に，x_s を縦軸にとったグラフ上にプロットする．

(2) グラフ上にプロットされたデータを再現する曲線を描き，その曲線の山の高さ a_s と，山と山の時間間隔 P_s を測定する．このようにして得られた a_s と P_s が，観測データから求められた各衛星の公転軌道半径と公転周期である．

(3) a^3 を横軸に，P^2 を縦軸に取ったグラフ上に，求められた各衛星のデータ（a_s^3 と P_s^2）をプロットして，4個の点が直線上に並ぶこと（P_s^2 が a_s^3 に比例すること）を確かめる．

これで，ミニ太陽系を用いてケプラーの第3法則が検証できる．

[*1] $\sqrt{A_s^2+B_s^2}$ は上下振動の振幅であるが，それは円運動の半径に等しい．

☀ D.2 ガリレオ衛星の観測手順

ケプラーの第3法則を検証するための観測では，望遠鏡の視野にある個々のガリレオ衛星の名前を特定し，それらの衛星と木星との離れ具合を表す x_s の時間変化を調べることが必要である．地球から見たときの木星と衛星の離れ具合 x_s は，それらの天体間の角距離を θ_s とすると，つぎの関係

$$x_s(t) = r_{EJ}(t) \times \left(\frac{\pi}{180}\right) \theta_s(t), \quad (s = \text{イオ，エウロパ，ガニメデ，カリスト})$$

(D.4)

で与えられる．式(D.4)において，t は観測時刻であり，$r_{EJ}(t)$ は時刻 t における地球・木星間の距離を表す[*1]．$r_{EJ}(t)$ は地球と木星の軌道から求められるので，各衛星の $x_s(t)$ を求めるには，その衛星の角距離 $\theta_s(t)$ を測定すればよい．

一般の望遠鏡を利用した観測では，望遠鏡の視野にある衛星の名前を特定することは初心者には困難であり，また，木星との分離角の測定にはかなりの熟練が必要である．一方，インターネット望遠鏡は，画面上の天体の名前を特定する機能と，天体間の角距離を測定する機能を兼ね備えているので，ここではそれを利用する．インターネット望遠鏡がもつこの便利な機能は，望遠鏡の操作に不慣れな人がこのような観測テーマに挑戦するときにとても役立つ．

インターネット望遠鏡を利用したガリレオ衛星の観測手順は，つぎのとおりである．

1. インターネット望遠鏡にログインし，「スライド」ウィンドウ上でサブスコープが選択されていることを確認する．
2. 「星図」ウィンドウの右下の「太陽系」と記されているドロップダウンリストから「木星」を選ぶ．すると，図D.4のように「星図」ウィンドウ内に木星といくつかの衛星が描かれるので，「導入」ボタンをクリックし，その時点での木星を「スライド」ウィンドウに導入する．
3. 「星図」ウィンドウの天体にマウスポインタを合わせるとその天体の名前が表示されるので，それを参考にして「スライド」ウィンドウ内の天体の名前を特定する．
4. 「スライド」ウィンドウの画像をダブルクリックして，「スナップショット」ウィンドウを立ち上げる．このとき，「JPEG（スタンプ付き）」で立ち上げると，図D.1のように観測地と時刻（UTC）が自動的に表示される．
5. 「スナップショット」ウィンドウ内で木星の中心をクリックし，マウスを目

[*1] r_{EJ} の E は地球を，J は木星を意味する．

図 D.4　インターネット望遠鏡の「星図」ウィンドウ

的の衛星までドラッグすると，画面の四角い枠の中に木星から衛星までの角距離（分離角：単位は [度]）が表示されるので，それを記録する．ここで，木星の右に見える天体の分離角を「＋」，左に見える天体の分離角を「－」として，木星に対する衛星の分離角の記録をとる．

6. 記録が一通り終わったら，「スナップショット」ウィンドウを右クリックして，「名前を付けて画像を保存(S)…」を選択し，スナップショットの画像を自分のパソコンに保存する．後で見てわかるように，画像ファイルを特定のフォルダに保存し，ファイル名も観測日時や観測地の情報がわかるような名前に変更しておく．

以上で，ガリレオ衛星の観測は終了する．

　この観測で得られたデータは，統一したフォーマット（たとえば Excel ファイル）で入力・保存すると便利である．フォーマットをある程度統一してデータを蓄積すると，他人とデータの共有ができ，データとしての信頼性が上がる．また，データを共有できれば一人では長期にわたる観測が難しくても，多くの人が交代しながら測定することで，結果的に長期の観測が可能になるという利点もある．その場合に注意することは，観測時刻を UTC で表記する点である．こうすることで，世界各地に設置されたインターネット望遠鏡で測定したデータを，設置場所にかかわらず統一的に扱うことが可能となる．データを記録するときに必ず必要となる項目は，**観測時刻**（**日付，時間，分**）と各衛星の**名前**と**分離角**である．

D.3 ガリレオ衛星の観測例

前節の観測手順で行った実際の観測例を紹介しよう．図 D.5 は 2011 年 10 月 10 日 2 時 16 分（UTC）での木星と衛星の位置関係をスケッチしたものである．スケッチには，「星図」ウィンドウで確認した各衛星名，「スナップショット」ウィンドウで測定した分離角，観測日および時刻（UTC）を書き留めた．このようなスケッチを観測のたびに描いて保存しておくことは，後ほどデータを解析するときのチェックのために重要である．

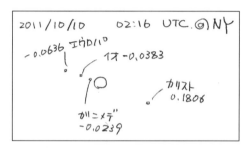

図 D.5 ガリレオ衛星観測画像のスケッチ

表 D.1 は，2011 年 10 月 7 日から 10 日間行った観測データをまとめたものである．この表の観測日時は UTC の時刻体系で表されており，また，分離角は度単位で測定されたものである．表の中のデータが抜けているのは，該当する衛星（いまの場合エウロパ）が木星の前面（または背後）に入ったため，望遠鏡の視野にその衛星をとらえることができなかったためである．さらに，観測日が抜けているのは，雨天のために観測ができなかったことによる[*1]．

ガリレオ衛星の観測データが得られたので，つぎにこれらのデータを解析して，4 個の衛星の公転周期 P_s と公転軌道半径 a_s を求めよう．そのためには，式(D.4)を用

表 D.1 ガリレオ衛星の分離角に関する観測データ

観測日	観測時刻	イオ	エウロパ	ガニメデ	カリスト
10/7	5:15	0.0329	−0.0271	−0.0391	0.0791
10/9	6:25	−0.0411	0.0661	−0.1098	0.1463
10/10	2:16	−0.0383	−0.0636	−0.0239	0.1806
10/11	1:48	0.0353		0.0611	0.1725
10/12	9:44	0.0177	0.0422	0.1192	0.0960
10/15	7:29	−0.0400	0.0600	−0.0951	−0.0668
10/16	3:41	0.0368	0.0235	−0.0957	−0.1146

[*1] この例のように，いろいろな理由によって観測が毎日定刻に行われなくても，この観測テーマの場合はデータ解析は可能である．

いて分離角 $\theta_s(t)$ から衛星と木星との離れ具合 $x_s(t)$ を求めることが必要となる[*1]. つぎに，得られた $x_s(t)$ を用いて，各衛星ごとに縦軸を $x_s(t)$, 横軸を経過時間 t とするグラフを用意し，そのグラフ上に表 D.1 のデータをプロットする．プロットされた点は式 (D.3) で表される曲線によって結ばれるはずなので，これらの点をもっともよく再現する曲線（最適曲線）を与えるように，式 (D.3) のパラメータ A_s, B_s と P_s を決める．このようにして得られた P_s がその衛星の公転周期である．また公転軌道半径 a_s は，A_s と B_s から $a_s = \sqrt{A_s^2 + B_s^2}$ で与えられる．プロットされたデータから最適曲線を求めるためには，B.5 節と同様に最小二乗法を用いる．

☀ D.4　ガリレオ衛星解析ツールを利用した解析例

　分離角の測定データからそれぞれの衛星の最適曲線を求めることは大変興味深い問題である．しかし，4 個の衛星すべてについてこの作業を行うことは，かなりの労力と時間が求められることから，この段階でデータ解析を断念する人も出てくるかもしれない．

　そのような残念な事態になることを避けるために，インターネット望遠鏡プロジェクトでは，プロジェクトの web ページに，ガリレオ衛星の測定データを自動的に解析するツールとその利用説明書を用意している[*2]．このソフトを使うと，誰でも容易に分離角の測定データに対して最小二乗法を実行し（$r_{EJ}(t)$ も計算して），各衛星の軌道半径や公転周期を求めることが可能となる．さらにその結果を用いて，ガリレオ衛星の運動においても，ケプラーの第 3 法則が成り立つことを検証することもできる．

　以下では，このツールを使って表 D.1 のデータを解析した結果を紹介しよう．

★ 公転軌道半径と公転周期の測定結果

　表 D.1 に記載されている 4 個の衛星の観測データに対する最適曲線は，図 D.6 のとおりである．この図の白丸は分離角から求めた x_s の実測値，実線は最適曲線を表している．各衛星の最適曲線を与えるパラメータの値から求められた，それぞれの衛星の公転軌道半径 a_s と公転周期 P_s の測定値を，表 D.2 にまとめて記載している．この表には参考までに，表 4.3 に与えられている各衛星の軌道半径と公転周期もあわせて載せている．

[*1] $\theta_s(t)$ から $x_s(t)$ を求めるには，各観測時刻 t ごとの地球・木星間の距離 $r_{EJ}(t)$ の大きさが必要となる．$r_{EJ}(t)$ は時間の関数であるが，それは木星と地球の軌道から求めることができる．ここではその手続きは省略してもう少し簡単に解析できるようにするために，プロジェクトの web ページに用意した専用の解析ソフトを利用する．

[*2] プロジェクト web ページの「コンテンツ」→「カリキュラム」にある「ガリレオ衛星解析ツール」を参照．

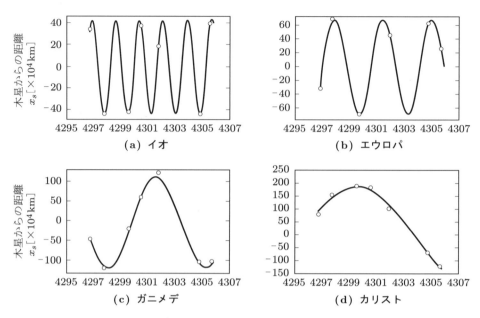

図 D.6 ガリレオ衛星の観測データと最適曲線
（横軸は 2000 年 1 月 1 日からの経過日数）

表 D.2 ガリレオ衛星の公転軌道半径と公転周期の測定値

衛星名	a の測定値 [$\times 10^4$ km]	a の参考値 [$\times 10^4$ km]	P の大きさ [日]	P の参考値 [日]
イオ	41.85	42.180	1.760	1.769
エウロパ	67.62	67.11	3.568	3.551
ガニメデ	114.9	107.04	7.178	7.155
カリスト	185.4	188.27	16.74	16.689

★ ケプラーの第 3 法則の検証

　ガリレオ衛星に対するケプラーの第 3 法則は，「衛星の公転周期 P の 2 乗は軌道半径 a の 3 乗に比例する」であった．これは，P^2 を縦軸，a^3 を横軸としたグラフに，各衛星のそれらの測定値をプロットすると，プロットされた点が原点を通る直線上に並ぶことを意味している．表 D.2 に与えられている公転周期を秒(s)の単位，公転半径をメートル(m)の単位に換算し，公転周期の 2 乗 P^2 と軌道半径の 3 乗 a^3 をまとめると，表 D.3 になる．

　P^2 を縦軸に，a^3 を横軸に取ったグラフ上に表 D.3 のデータをプロットすると，図 D.7 となる．この図には，最適曲線（いまの場合，最適直線）も表示している．図では，4 個の点がほぼ直線上に並んでいることがわかる．

表 D.3 ガリレオ衛星の P^2 と a^3 の値

衛星名	P^2 [s^2]	a^3 [m^3]
イオ	2.30×10^{10}	7.30×10^{25}
エウロパ	9.47×10^{10}	3.09×10^{26}
ガニメデ	3.83×10^{11}	1.52×10^{27}
カリスト	2.07×10^{12}	6.33×10^{27}

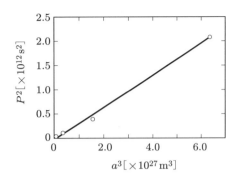

図 D.7 ガリレオ衛星におけるケプラーの第3法則

★ 木星の質量の求め方

5.1 節で説明したように，ケプラーの第3法則（惑星の運動に対するケプラーの第3法則）を利用して，太陽の質量を求めることができる．木星とガリレオ衛星系からなるミニ太陽系においても，ガリレオ衛星系に対するケプラーの第3法則を利用することで，木星の質量を測定することができる．具体的には，式(D.2)を使えば，ガリレオ衛星のどれか一つの公転周期と公転軌道半径がわかれば，木星の質量を計算できる．しかし，これは公転周期と公転軌道半径の測定が精度よく行われた場合に言えることであって，図 D.7 のグラフのように測定データの白丸のいくつかが直線からずれている場合には，正確には P^2/a^3 がすべての衛星に対して同じ値となることはない．これは測定誤差によるものであり，結果として，どの衛星のデータを用いるかで，計算された木星の質量が異なることになる．

一方，図 D.7 の直線は，4個の白丸を結ぶ最適曲線（直線）であることから，これは測定誤差を考慮して求められた直線である．この直線の傾きは何を表しているのだろうか？ この答えは，式(D.1)にある．この式から，直線の傾きは $4\pi^2/GM_J$ で与えられることがわかる．したがって，直線の傾きを求めれば，その結果を用いて木星の質量 M_J を計算することができる．図 D.7 の直線の傾きは 3.30×10^{-16} s^2/m^3 だから，これから木星の質量を計算すると，$M_J = 1.79 \times 10^{27}$ kg となる．

★ 観測結果の考察

図 D.6 と表 D.2 から，この観測で4個の衛星の公転軌道半径と公転周期を測定できることが確かめられた．また，D.7 はガリレオ衛星の運動に対して，ケプラーの第3法則が成り立つことを示している．さらに，図 D.7 の直線の傾きから求めた木星の質量 1.79×10^{27} kg は，実際の質量 1.90×10^{27} kg にかなり近いことがわかる．

この例では，観測期間がカリストの周期よりも短いわずか10日間であったので，観測結果は必ずしも満足のいくものではないが，少なくとも1か月あまりにわたるガリレオ衛星の継続観測を行うことで，より精度の高い測定結果が得られることが期待される．

　インターネット望遠鏡を利用してガリレオ衛星系を観測することで，この系でも「ケプラーの第3法則」が成り立つことを検証し，さらにその結果を用いて，木星の質量を求める例を紹介した．これまで教科書や啓蒙書でしか見たことのなかった「ケプラーの法則」や，その根底にある「万有引力の法則」を自らの観測データから確認することができれば，これらの法則はもはや「天上の法則」ではなく「身近な法則」として受け止めることができるだろう．「木星とガリレオ衛星」はその目的にもっともかなった天体系であり，それは「ケプラーの第3法則を検証するために用意された宇宙の実験室」と言える．はじめにも紹介したように，望遠鏡の取扱いに不慣れな人にとって，インターネット望遠鏡はその観測を手軽に実現する最適な道具である．

観測 E
太陽の観測

太陽は月や惑星と並んで，私たちにとって身近な天体である．身近な天体は大きな望遠鏡を用いなくても十分に楽しめるため，このような天体は，初心者にちょうどよい観測対象である．望遠鏡を用いた惑星の観測は多くの人に興味をもたれていることから，観望会などのさまざまな機会において試みられている．ここでは太陽系最大の天体であり，私たちの日常生活にも大きな影響を及ぼす太陽の観測を取り上げよう．

すでに 5.4 節で注意したように，望遠鏡を用いて太陽を観測するときには特別な注意と工夫が必要となる．肉眼での太陽観測や一般の望遠鏡を利用した太陽観測についての注意点は 5.4 節を参考にしてもらうことにして，以下ではインターネット望遠鏡を利用した太陽観測について紹介しよう．

☀ E.1 太陽望遠鏡を用いた太陽観測

インターネット望遠鏡を利用して太陽を観測する場合，つぎの二つの可能性がある．

（1）通常は夜間の天体観測用に使用している望遠鏡の前面にフィルターを装備するなどして，一時的に太陽観測用に部分的な改造を行う
（2）インターネット望遠鏡ネットワークに接続されている**太陽望遠鏡**（太陽観測に特化した望遠鏡）を利用する[*1]

[*1] 現在までのところ，インターネット望遠鏡ネットワークに接続されている太陽望遠鏡は秋田大学に設置されている望遠鏡のみである．ここでは，このインターネット望遠鏡を利用した太陽観測の例を取り上げる．インターネット望遠鏡で秋田大学の太陽望遠鏡を利用して太陽観測を行う際には，事前の申込みが必要となる．申込みは，インターネット望遠鏡のログインページの予約ボタンから行うことができる．ただし，申込みが可能なのは教育機関などにかぎられる．現在，太陽望遠鏡のドームの開閉はリモートからの操作では不可能なので，申込みに対しては秋田大学の担当者がその都度対応する必要があり，時間帯などの都合で希望に沿えないこともある．この場合も，読者の便宜を図るため過去に行った太陽観測のデータを公開しているので，これを利用して解析を進めることは可能である．

図 E.1 は，2014 年 7 月に鹿児島市立科学館で開催された「青少年のための科学の祭典」の会場から，フィルターを装備した府中望遠鏡にアクセスして撮った太陽の画像である．

　図 E.2 は，図 E.1 と同じ会場から，秋田大学の太陽望遠鏡にアクセスして撮った太陽の画像である．この画像の左上部には，太陽の表面から立ち上るフレアも見える．図 E.1 と図 E.2 の 2 枚の画像を比較することで，太陽の詳細な観測をする際には，太陽観測に特化してつくられている太陽望遠鏡が威力を発揮することがよくわかる．

　以下では，太陽望遠鏡を利用した太陽観測を紹介しよう．

　ところで，なぜ昼間見える太陽を，インターネット望遠鏡を利用して見る必要があるのかという疑問がわくかもしれない．その理由は，太陽観測に特化した望遠鏡では可視光でなく Hα 線を使って太陽の観察を行うため，プロミネンスなどを詳細に観察できるという利点があるからである．

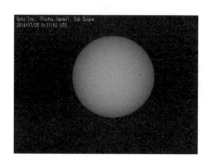

図 E.1　府中望遠鏡で撮った太陽の画像
（2014 年 7 月撮影）

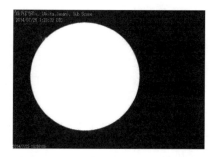

図 E.2　太陽望遠鏡で撮った太陽の画像
（2014 年 7 月撮影）

　しかし，太陽望遠鏡は高価であるため，学校現場や個人で購入することは難しい場合が多い．また，せっかく購入しても，太陽観測に特化した太陽望遠鏡の用途はかぎられているため，その使用頻度は低い．一方，インターネット経由でリモート観察する方法だと，個々に太陽望遠鏡を所持しなくても，インターネット望遠鏡ネットワークに繋がった太陽望遠鏡を，ネットワークを通して共有できるというメリットがある．これは，インターネット望遠鏡ネットワークのもつもう一つの重要な役割である．

　以上の点を頭において，これからインターネット望遠鏡で太陽観察を行った事例をみていくことにしよう．図 E.3 は以下の観測に用いた太陽望遠鏡の画像である．

図 E.3 太陽望遠鏡を取り付けたインターネット望遠鏡

☼ E.2　プロミネンス観測の例

　インターネット望遠鏡を利用した太陽観測の例として，2012年9月14日に秋田大学のインターネット望遠鏡を用いて行ったプロミネンス観測を紹介する．この日は一部雲が残っていたもののおおむね快晴であり，午前9時頃から夕刻までの間，太陽を追尾できた．インターネット望遠鏡では太陽を自動追尾するため，長時間の観察でも容易に行える．ここではとくに午前中の観察結果について，その概要を示そう．

★ プロミネンスの画像観察

　手元のパソコンから秋田大学のインターネット望遠鏡にアクセスし，太陽望遠鏡に太陽を導入した．図 E.4 はそのときの太陽の様子である．太陽望遠鏡の視野角がちょうど太陽全体をとらえるようになっているのでわかりにくいが，太陽の縁のところどころに突起物が出ているのが見える．これがプロミネンスであり，5章でも述べたように，Hα 線のみを通す太陽望遠鏡でしか観察できない現象である．この特長を活かして，ここではプロミネンスに注目することにしよう．

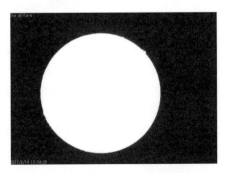

図 E.4　太陽望遠鏡で見た太陽の様子
（2012年9月14日10時34分）

もっとも単純な観測テーマは，太陽望遠鏡で撮影した画像をコンピュータ上に取り込み，それを拡大してプロミネンスの形を観察することである．プロミネンスはさまざまな形をしており，それを観察するだけでも飽きない．しかし，ある瞬間の太陽の姿を観察しているだけでは，インターネット望遠鏡を利用するメリットを十分に活かしているとは言えない．

★ プロミネンスの時間変化の観測

インターネット望遠鏡を利用すると，太陽の長時間観察を安全かつ容易に行えるというメリットがある．この長所を活かして，プロミネンスを長時間にわたって観察し続け，その時間変化を調べる．

そのようにして得られた多数の画像を時系列に並べ，それぞれについて拡大してプロミネンスの様子を確認する．このような観察を行うと，ときには突発的な現象が起こっていることもわかる．たとえば，図E.5の3枚の写真は3分間隔で撮影されたものであるが，激しい変化が太陽表面付近で起こっている様子がわかる（撮影日は9月14日で，撮影時間は左から順に10時37分28秒，10時40分28秒，10時43分28秒）．このような突発的な現象を見つけるのもとても興味深い．

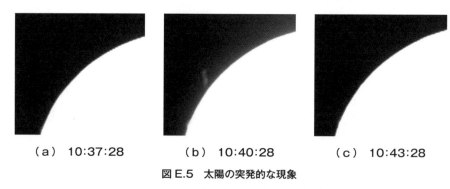

図E.5　太陽の突発的な現象

プロミネンスの時間変化についての説明に戻ろう．一般にプロミネンスの時間変化はそれほど大きくないため，10分程度の間隔であれば，注目しているプロミネンスを各画像で同定し，その形状を観察することは難しくはない．プロミネンスの形状はさまざまであるので，ここではその長さに注目して調べてみる．Windowsに標準的に付属している描画ソフト「ペイント」[*1]を利用して，簡易に測定する方法を紹介しよう．まずペイントを立ち上げ，太陽の静止画を開く．つぎに「グリッド線」をオンにし，図E.6のように，画像全体をグリッド線で覆う．そして，プロミネンスの長

---

*1　ここでは，Windows 7付属のバージョン6.1を用いている．

E.2 ★ プロミネンス観測の例　　131

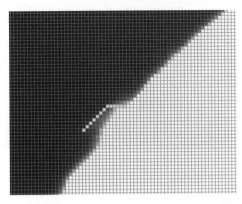

図 E.6　グリッド単位でのプロミネンスの測定

さをグリッド単位で見ていくのである．この方法はきわめて単純であるので，プロミネンスの長さを簡単に見積もることができる．

このようにして得られた五つのプロミネンスの長さの変化を，時系列グラフで表したのが図 E.7 である．この図では，縦軸にプロミネンスの長さをグリッド単位で，横軸に撮像時刻をとり，主だったプロミネンス 5 個について，6 ～ 12 分間隔で 2 時間にわたっての時間変化を描いている．時間間隔が一定でないのは，雲が太陽の一部にかかり，正確な測定ができなかったためである．一般に，プロミネンスは 1 ～ 2 週間程度安定的に存在すると考えられている．しかし，このグラフを見ると，太陽の大きさに比べるとその動きは小さく安定しているといわれるプロミネンスも，細かく見ていくと，時々刻々見かけの長さが変化していることがわかる．

ここで述べたプロミネンスの観測はそれほど難しくないので，初心者でも取り組みやすい太陽観測のテーマである．

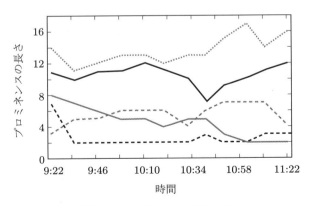

図 E.7　プロミネンスの時間変化

観測 F　地上の2地点での同時天体観測

インターネット望遠鏡ネットワークには，緯度と経度の異なる地点にインターネット経由で操作可能な望遠鏡を設置してある．この特徴を活かすことで，条件が整えば同じ天体を地球上の2地点から同時に観測することが可能になり，三角法を用いて月や火星などの近くの天体までの距離を測定することができる．ここでは，この観測テーマの考え方と，それを利用した月までの距離測定の観測例を紹介しよう．

F.1　三角法による天体までの距離測定の考え方

三角法による距離測定の考え方は，6.3節でも紹介したように，図F.1のとおりである．図で二つの点から対岸の建物を見たときの視差と，建物を眺める2点を結ぶ線分（基線）の長さから，対岸の建物までの距離は幾何学的な考察から計算できた．

インターネット望遠鏡ネットワークを利用して，近くの天体までの距離を測定する方法は，上で説明した対岸の建物までの距離を求める方法とその基本的な考え方は同じである．この場合，天体を観測する2地点は，インターネット望遠鏡が設置されている場所から選んだ2地点

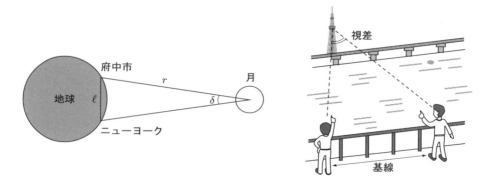

図 F.1　三角法による距離測定の考え方

(1) 府中市とニューヨーク
(2) 府中市とミラノ市
(3) ミラノ市とニューヨーク

の組合せが考えられる[*1]．

F.2　月までの距離測定の方法と観測例

『観測 B』の図 B.3 は，府中市とニューヨーク（NY）に設置してあるインターネット望遠鏡を利用して，同じ時刻に満月を観測したものであった．この画像は，インターネット望遠鏡を利用することで，地球上の異なる 2 点から同じ天体を同時に観測することが容易にできることを示している．ここでは，府中市と NY の望遠鏡を利用して，月までの距離を測定する方法とその観測例を紹介する．

★ 月までの距離測定の考え方

三角法による距離測定の方法は，異なる 2 地点から同じ物体を見たときの視差と，観測地点間の距離（基線の長さ）から求めるものである．したがって，この場合の距離測定の手順は以下のとおりである．

1. 府中市と NY を結ぶ直線がこの場合の基線となるので，府中市と NY 間の直線距離（基線の長さ）ℓ を求める．
2. 府中市と NY に設置したインターネット望遠鏡を利用して，同じ日の同じ時刻に月を観測する．
3. 手順 2 で撮った画像から，府中市と NY で月を見たときの視差 δ を測定する．
4. 求めた ℓ と δ から，三角法を用いて，月までの距離 r を求める．

★ 月までの距離測定の例

月までの距離を測定するために，まず基線となる府中市・NY 間の直線距離 ℓ を求める．そのために，図 F.2 に示すように府中市・NY 間の地球表面に沿った最短距離 L を求めると，$L = 10871$ km であることがわかる．つぎに，図 F.3 に示すような幾何学的な関係を用いて，府中市・NY 間の直線距離 ℓ を求めると，$\ell = 9602.17$ km であることがわかる．

[*1] インターネット望遠鏡のネットワークに結ばれる望遠鏡の設置場所が増えれば，さらに新しい組合せが可能となる．

図 F.2　府中市・NY 間の地球表面に沿った最短距離 L
(http://www.benricho.org/map_straightdistance/)

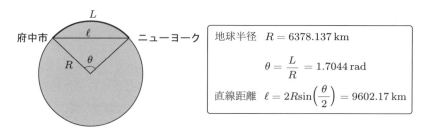

図 F.3　府中市・NY 間の直線距離 ℓ

地球半径　$R = 6378.137 \, \text{km}$

$$\theta = \frac{L}{R} = 1.7044 \, \text{rad}$$

直線距離　$\ell = 2R\sin\left(\frac{\theta}{2}\right) = 9602.17 \, \text{km}$

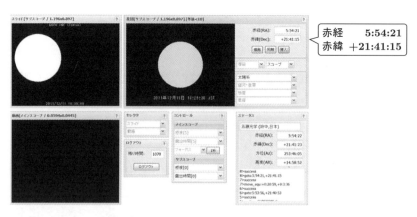

赤経　　5:54:21
赤緯　+21:41:15

図 F.4　府中市から月を見たときのインターネット望遠鏡の画面

続いて，府中市と NY から月を見たときの視差を計算しよう．図 F.4 と図 F.5 は，それぞれ府中市と NY から月を見たときのインターネット望遠鏡の画面である．図 F.4 に表示された月の赤経と赤緯をそれぞれ度単位に換算すると，

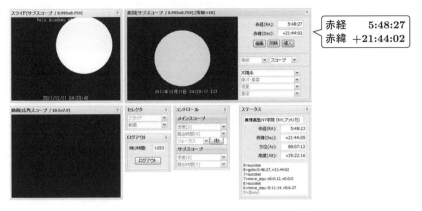

図 F.5　NY から月を見たときのインターネット望遠鏡の画面

$$\text{赤経 5 時 54 分 21 秒} \rightarrow \left(15 \times 5 + \frac{15}{60} \times 54 + \frac{15}{3600} \times 21\right) \text{度} = 88.588 \text{度} \quad (\text{F.1})$$

$$\text{赤緯 21 度 41 分 15 秒} \rightarrow \left(21 + \frac{41}{60} + \frac{15}{3600}\right) \text{度} = 21.688 \text{度} \quad (\text{F.2})$$

となる．同様にして，図 F.5 に表示された月の赤経と赤緯をそれぞれ度単位に換算すると，

$$\text{赤経 5 時 48 分 27 秒} \rightarrow \left(15 \times 5 + \frac{15}{60} \times 48 + \frac{15}{3600} \times 27\right) \text{度} = 87.113 \text{度} \quad (\text{F.3})$$

$$\text{赤緯 21 度 44 分 2 秒} \rightarrow \left(21 + \frac{44}{60} + \frac{2}{3600}\right) \text{度} = 21.734 \text{度} \quad (\text{F.4})$$

となる[*1]．したがって，両地点から見た月の視差 δ は

$$\delta = \sqrt{(\text{赤経の差})^2 + (\text{赤緯の差})^2} = 1.4757 \text{度} = 0.025756 \, [\text{rad}] \quad (\text{F.5})$$

である．式 (F.5) 右辺の最後の値は弧度法で表したときの δ の大きさである[*2]．

図 F.6 を参考にして，上で求められた基線の長さ ℓ と視差 δ から月までの距離 r を

[*1]　赤経と赤緯を角度表示に変換する計算法は付録を参考にしてほしい．

[*2]　6.2 節で説明したように，赤道座標系は地球の中心を原点とする座標系で天体の赤経と赤緯を表示するものであり，それはそれぞれの天体に固有なものである．これは地球の中心から見た天体の位置を表している．同じ座標系を用いても，地球表面から見たときの天体の位置は少し異なることになるが，このときの天体の赤経と赤緯を測地赤道座標表示という．インターネット望遠鏡の操作画面に表示されている天体の赤経と赤緯は測地座標赤道座標系での値を表しているので，府中市と NY では同じ天体の赤経と赤緯が異なることになり，その差が府中市と NY から同じ天体を見たときの視差を与える．月などの近い天体の場合とは異なり，遠方の天体に関しては，地球中心から見たときと地球表面から見たときの赤経と赤緯にはほとんど差がない（その天体までの距離に比べて地球の半径は非常に小さいため）．

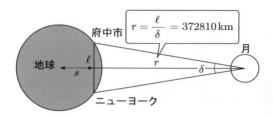

図 F.6 月までの距離の求め方

計算すると，

$$\frac{\ell}{2} = r \tan\left(\frac{\delta}{2}\right) \approx r \times \frac{\delta}{2} \quad \rightarrow \quad r = \frac{\ell}{\delta} = 372810 \text{ km} \tag{F.6}$$

となる．式 (F.6) では，弧度法で表した δ は 1 よりもはるかに小さいことから，$\tan(\delta/2) \approx \delta/2$ と近似できることを用いた．ところで，図 F.6 を見ると，地球の中心と月の中心間の距離は，上で求めた距離 r に基線から地球中心までの距離 s を加える必要があることがわかる．図 F.3 から，$s = R\cos(\theta/2) = 4199$ km であるので，r に s を加えた距離

$$r + s = 377010 \text{ km} \tag{F.7}$$

が地球・月間の距離である．地球・月間の平均距離は 384400 km なので，この観測ではかなりよい精度で地球・月間の距離が求められたことがわかる．

ここで挙げた月までの距離を求める観測テーマは，地球上の異なる 2 点から同じ時刻に月を観測し，そのときの視差を測定することで月までの距離を求めるものである．一人の人が地球上の異なる 2 点から同時に同じ天体を観測することは，通常の観測方法では不可能である．この観測はインターネット望遠鏡がもつ特色ある機能を十分に活かした観測であることに注目したい．

観測 G
変光星と超新星の光度測定

ここでは**変光星**と**超新星**の光度測定について説明し，その観測例を紹介しよう．天体観測では，望遠鏡に冷却 CCD カメラと測光用フィルターを付けて天体を撮像して，その明るさを精密に測定する測光観測がよく行われる．インターネット望遠鏡ネットワークではそのような方法は採れないので，天体の明るさ測定は難しいと思われるかもしれない．しかし，『観測 C』でも述べたように，周囲の恒星との明るさの差を求める**相対測光**は，注意深く行えば比較的簡単に行える．

まず，恒星のなかでも少し変わった性質をもつ変光星の測光観測を取り上げ，つぎに超新星についての測光観測を紹介しよう．

☼ G.1 変光星の光度測定

変光星とは，名前のとおり明るさが変化する恒星のことである．変光星にはいろいろな種類があり，明るさの変わり具合は変光星ごとに異なっている．明るさが数時間で変化するものから数年かけて変化するもの，突発的に明るくなるものなど，さまざまな変光の様子を示すものが存在する．また，変光星自体の明るさも一つひとつ異なり，肉眼でも観察できるものから望遠鏡を使わなければ観察できない暗いものまである．このように変光星は多様であるが，おおまかには以下のようなタイプに分類できる．

★ 規則的に変光するもの

- **食変光星**

  恒星が連星系となっている場合，見ている方向が公転面の延長線上にあれば，日食や月食のように片方の星がもう片方の星を隠すことがある．このような現象によって変光するタイプのものを，**食変光星**とよぶ．

  食変光星はさらに細かく分類されるが，もっとも有名なのは**アルゴル型**の変光星である．このタイプのものは，食のとき以外は大きな光度変化が起こらないのが特徴である．その理由は，アルゴル型の連星系は，恒星どうしが比較的離れていることによる．

- 脈動変光星

　恒星自体が収縮・膨張を繰り返すことによって明るさが変化するものを，**脈動変光星**とよぶ．脈動変光星も細かな分類がされているが，もっとも有名で観測しやすいのが**ミラ型変光星**とよばれるものである．ミラ型変光星の正体は赤色巨星であり，変光範囲が大きく，周期も大体 100 日から 1000 日程度と長いため，アマチュア天文家に適した観測対象である．

　脈動変光星には，このほかに変光の周期とその絶対等級の間に関係があることから，距離測定の標準光源として有用なセファイド変光星がある．セファイド変光星の光度測定の例は後で紹介する．

★不規則・突発的に変光するもの

- 爆発変光星

　恒星の外層や大気の爆発によって変光するタイプで，規則性が見られないのが特徴である．

- 激変変光星

　短期間（長くて数日）に極度に増光し，その後ゆるやかに減光する．それを1度だけ起こすものもあれば，不規則な周期で繰り返すものもある．

　このように多様な変光星が存在するが，観測している変光星がどのような性質をもっているかは，**光度曲線**（図 G.1）を描くことでわかる．光度曲線とは変光星の光度の時間変化を描いたグラフのことであり，縦軸に変光星の光度を，横軸に観測時刻をとる．光度は見かけの等級で表し，縦軸の上から下へと暗くなっていくよう目盛をとる．観測時刻は，通常**ユリウス日**（または**ユリウス通日**）で表されることが多い．ユリウス日とは，BC4713 年 1 月 1 日世界時 12 時を第 1 日として数える通日で，現在は 245 万日を超えている．日付に切れ目がないユリウス日を使うことで，変光星の長期間の光度変化を調べることが容易になる．

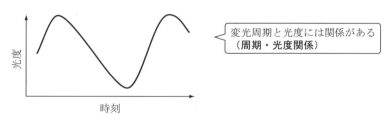

図 G.1　セファイド変光星の光度曲線

G.2 変光星の測光例

ここでは，インターネット望遠鏡を利用した実際の観測事例を紹介しよう[*1]．

★ 光度の求め方

ここで，光度曲線を描くプロセスを説明しておこう．まず，観測したい変光星をインターネット望遠鏡に導入し，画像を撮影する．9等星以下の比較的暗い変光星の場合は，数枚撮影しておくとよい．なぜ暗い星の場合に複数枚撮影するかというと，1枚の画像では天体が不鮮明にしか写らず，等級を精密に測定できないからである．そのため，撮影した多数の写真をステライメージなどの天体画像処理ソフトを利用して合成し[*2]，よりはっきりとした画像をつくり出す必要がある．図G.2(a)は1枚の天体画像，図(b)はそれらを15枚合成した天体画像である．明らかに，図(b)のほうがはっきりした天体画像となっていることがわかるだろう．

つぎに，同じ画像に写っている**標準星**について，ステラナビゲータなどを利用してその見かけの等級を調べておく．そしてC.2節で述べた方法で，対象としている変光星の見かけの等級を標準星の明るさから求めるのである．図G.3は，その様子である．

　　　　（a）1枚の画像　　　　　　　　　（b）15枚重ねた画像

図G.2　1枚画像と15枚合成画像の違い

[*1] 一般に，測光観測をする際には，16ビット（65535階調）程度のCCDカメラと測光用フィルターが必要とされる．また，撮影された画像も，天文学でよく使われている**FITS**フォーマットというデータ形式であることが多い．しかし，インターネット望遠鏡に搭載されているカメラは8ビット（256階調）であり，またフィルターもない．さらに，データ非可逆圧縮である**JPEG**フォーマットであるため，測光観測がどの程度できるか不安に思うかもしれない．しかし，比較的明るい変光星であれば，その光度曲線を描くことは可能である．光度曲線を求める際には，JPEG画像では256階調しかないため，明るい変光星の場合は飽和してしまう可能性があり，感度と露出時間を低めに設定する必要がある．

[*2] 画像の合成は，Photoshopなど一般的な画像処理ソフトでもできるが，天体画像の場合は日周運動などにより画像内の星の位置が微妙に変わるので，天体画像処理専用のソフトを利用するのが望ましい．

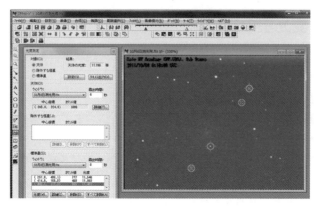

図 G.3 ステライメージによる測光の様子

★ セファイド変光星 RW Cas の測光例

ここでは，周期的変光星の一つであるカシオペア座のセファイド変光星 RW Cas の光度の観測例を紹介しよう[1]．セファイド変光星は脈動変光星であり，後でも述べるように，その絶対等級と変光周期の間に関係[2]があることから，距離測定の標準光源として貴重な天体である．

図 G.4 に変光星 RW Cas の位置を示す．また，図 G.5 は，2014 年 5 月 12 日から 7 月 12 日までの継続観測で得られた RW Cas の光度変化の様子をプロットしたものである．このグラフは 2 か月あまりにわたって継続観測されたものであるが，図から明らかなように，この間に何度か光度が増減していることがわかる．このグラフを解析して，光度変化の周期を求めよう．

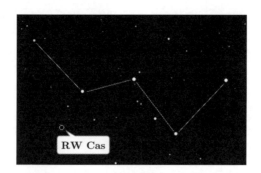

図 G.4 セファイド変光星 RW Cas の位置

---

[1] この観測は，山形県立鶴岡南高校で SSH の課題研究として行われたものである．
[2] この関係はリーヴィットによって発見されたものであり，**周期・光度関係**とよばれる．

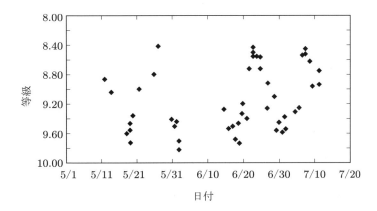

図 G.5 RW Cas の光度変化

　観測データを解析して周期を求めることは，『観測 B』（月の周期）と『観測 D』（ガリレオ衛星の公転周期）ですでに行っているが，それらの場合はあらかじめ観測データの時間変化の様子を表す理論式が知られていたので，得られた観測データをもっともよく再現する最適曲線を最小二乗法を用いて決める方法が有効であった．一方，セファイド変光星の光度曲線を表す式は知られていないので，いまの場合，図 G.5 から光度変化の周期を求めるにあたって同じ方法は使えない．

　このような場合の周期を求める方法として，**PDM 法**（phase dispersion minimization）がある．その考え方は，周期としてある適当な日数を仮定し，その日数ごとに図 G.5 を折り返して重ねたとき，重ねられた点の等級のバラつきがもっとも小さくなるときの日数を調べ，その日数をこの変光星の周期と決める方法である．ここでは PDM 法を用いて周期を求める方法の詳細な説明は割愛するが[*1]，PDM 法を用いて図 G.5 のデータを解析すると，その周期は 14.7 日であることがわかる．図 G.6 は，図 G.5 を周期 14.7 日で折り返して重ねたものである．図から確かに，この周期で光度が増減していることがわかる．

　変光の周期が求められたので，セファイド変光星の周期・光度関係を利用することで，RW Cas の絶対等級 M を求めることができる．セファイド変光星には種族 I と種族 II があり，それらの周期・光度関係は異なっているので，この関係を利用するときは注意が必要である．RW Cas は種族 I に属するセファイド変光星なので，その

---

*1　PDM 法の参考文献は，
　　http://www.stellingwerf.com/rfs-bin/index.cgi?action=PageView&id.29
　　を参照してほしい．また，インターネット望遠鏡プロジェクト web ページの「コンテンツ」にも PDM 法の解説とツールを載せている．

観測G ★ 変光星と超新星の光度測定

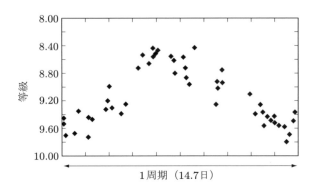

図 G.6 RWCas の光度曲線（周期 14.7 日）

場合の周期・光度関係

$$M = -1.62 - 2.43 \log_{10}\left(\frac{P}{P_0}\right) \tag{G.1}$$

を用いると，その絶対等級 M は -4.46 等であることがわかる[*1]．

また，この変光星の見かけの等級の平均 m が 9.11 等であることから，式(6.7)を使うと，RW Cas までの距離 d として，$d = 1.69$ 万光年が得られる．この観測で測定されたセファイド変光星 RW Cas の絶対等級 M と見かけの等級 m および距離 d をまとめると，

$$M = -4.46 \text{ 等}, \quad m = 9.11 \text{ 等}, \quad d = 1.69 \text{ 万光年} \tag{G.2}$$

となる．

この観測例は，インターネット望遠鏡を利用してセファイド変光星の変光周期を測定することで，1 万光年以上の遠方にある天体までの距離を測定できることを示したものである．このような方法により，セファイド変光星は標準光源として使われ，ほかの星の距離測定に利用されている．ぜひこの観測テーマに挑戦し，自分自身で遠くの天体までの距離を測定することの魅力を体験してほしい．

[*1] 式(G.1)で，P は周期(単位：日)を，P_0 は 1 日を表す．式(G.1)については，
http://adsabs.harvard.edu/abs/2007AJ....133.1810B
を参照してほしい．

☀ G.3　超新星の測光例

　超新星は恒星が**重力崩壊**[*1]を起こして突然明るく輝き始めて，その後次第に暗くなっていく現象である．後でも説明するように，超新星にはⅠ型とⅡ型の2種類がある．

　ここでは，**超新星SN2011fe**についての観測事例を取り上げる．超新星SN2011feは，カリフォルニア工科大学天文学研究所が主体となっている超新星を探すことを目的とした**全自動掃天システムプロジェクト**により，2011年8月24日におおぐま座の**M101**で発見された．M101は比較的近い（2100万光年）距離にある銀河なので精密な分光観測が行われた結果，SN2011feはIa型超新星であることがわかった．9月13日頃に最大等級9.9（絶対等級−19）になり，その後少しずつ減光していった．

　図G.7は，ニューヨークにあるインターネット望遠鏡を利用して，SN2011feの光度変化を観察したデータである．2011年10月6日から12月11日まで観測しているが，その間に2等級程度暗くなっていることがわかる[*2]．6.3節でも説明したように，Ia型超新星は，遠方の天体までの距離測定のための標準光源として非常に重要な役割を果たしている．図G.7はこの超新星が減光し始めてから観測したものなので，残念ながらSN2011feがもっとも明るかったときの光度（最大光度）に関す

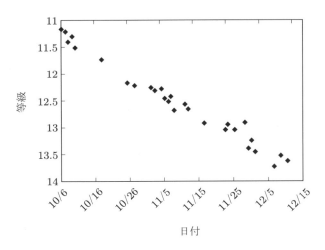

図G.7　超新星（SN2011fe）の光度曲線
（観測者：近藤弘之氏）

[*1] 自己重力よりも星内部の圧力が小さくなることで，自分自身の重力を支え切れなくなって，星が急速に崩壊する現象を重力崩壊という．

[*2] SN2011feが最大光度になったのは2011年9月13日なので，観測時期は少しずつ減光している期間であった．

るデータはない．しかし，減光の仕方からも，その超新星の明るさに関して有用な情報を得ることができるので，このような光度曲線を求めることにも大きな意味がある．

7.5節で説明したように，Ia型超新星を標準光源としてその赤方偏移と距離の関係を調べた最近の精力的な観測から，宇宙が加速膨張していることの発見というきわめて重要な成果が得られている．ここで挙げた例が示すように，インターネット望遠鏡を用いることで，この興味深い天体Ia型超新星の光度および光度曲線を測定できることは，現代天文学の最新の課題に関するテーマに触れることを可能にするという意味で大変興味深い．これからも新しい超新星の発見が報告されることも多いと思われるが，読者の皆さんもその機会をとらえて，最先端の天文学の観測テーマにぜひ挑戦されることを期待したい．

超新星に関する補足

ここまで，変光星と超新星の光度測定の方法と観測例を紹介した．ここで，Ia型超新星について若干の補足説明をする．

I型は軽い恒星が年老いて最期をむかえた場合に起こる．質量が太陽の8倍以内の恒星が年老いて赤色巨星となった場合，水素でできた外層部は惑星状星雲の形をとって宇宙空間に放出され，残った中心核が白色矮星となる．このようにして誕生した白色矮星の近くに別の恒星があると，その恒星からのガスが流入して，白色矮星の質量が徐々に増加する．そして臨界質量を突破すると重力崩壊し，再度核融合反応が生じて超新星爆発を起こす．これがI型超新星である．I型超新星のうちでケイ素の吸収線が見られるものを，とくにIa型とよぶ．

それに対してII型は，大質量星がその寿命をむかえた場合に起こる．太陽の8倍より重い恒星が年老いて核反応を起こすエネルギーがなくなった場合，自分自身の重さを支えられなくなり，重力崩壊を起こす．この爆縮的崩壊の反動による衝撃波で外層部で猛烈な核融合反応を起こすのが，II型の超新星である．

この説明からわかるように，II型超新星の明るさは恒星の質量に依存するためさまざまであるが，Ia型の超新星では反応が起こる臨界質量が決まっているため，明るさがピーク時の絶対等級もほぼ一定となる．そのため，遠方銀河に関するよい距離指標となるのである．

付　録

自然定数
光の速さ $c = 299792458$ m/s
万有引力定数 $G = 6.67428 \times 10^{-11}$ m³/(kg·s)

長さの単位
1 光年 $= 9.460730473 \times 10^{15}$ m
1 天文単位 $= 1.495978707 \times 10^{11}$ m
1 パーセク $= 3.0856776 \times 10^{16}$ m $= 206264.806$ 天文単位 $= 3.2615638$ 光年

太陽・地球・月に関するデータ
太陽：半径 695500 km，質量 1.9891×10^{30} kg，地球からの距離 $= 1$ 天文単位
地球：半径 6371012 m，質量 5.9736×10^{24} kg
月：半径 1737.53 km，質量 7.3491×10^{22} kg，地球からの距離 $= 3.84400 \times 10^{8}$ m

三角関数と常用対数
本書に現れる正弦関数 $\sin\theta$ と余弦関数 $\cos\theta$ という 2 種類の三角関数と，常用対数 $\log_{10} x$ ($x > 0$) はつぎの関係を満たす．

$\sin(\theta_1 \pm \theta_2) = \sin\theta_1 \cos\theta_2 \pm \cos\theta_1 \sin\theta_2$
$\cos(\theta_1 \pm \theta_2) = \cos\theta_1 \cos\theta_2 \mp \sin\theta_1 \sin\theta_2$
$\sin^2\theta + \cos^2\theta = 1$

$a\sin\theta + b\cos\theta = A\sin(\theta + \phi)$ ただし，$A = \sqrt{a^2 + b^2}$, $\dfrac{b}{a} = \dfrac{\sin\phi}{\cos\phi}$

$y = \log_{10} x \Leftrightarrow x = 10^y$, $\log_{10} 1 = 0$, $\log_{10} 10 = 1$, $\log_{10} 100 = 2$, $\log_{10} 0.1 = -1$
$\log_{10}(x_1 x_2) = \log_{10} x_1 + \log_{10} x_2$, $\log_{10}(x_1/x_2) = \log_{10} x_1 - \log_{10} x_2$

角度の表し方
角度の大きさを表す表示法には，度表示・弧度法表示があり，さらに天体の位置を表す赤道座標系の赤経では，時刻表示も使われている．これらの表示の関係を以下にまとめる．

- 度表示

　　円周を 1 回転すると角度は 360 度（°）であり，1 分（′）は 1/60 度，1 秒（″）は 1/60 分 = 1/3600 度である．また，秒の小数点以下は 10 進法に従う．たとえば，角度

3 度 45 分 30.5 秒はつぎのようになる．

$$\left(3 + \frac{45}{60} + \frac{30.5}{3600}\right) 度 = 3.758472 度$$

- 弧度法表示

円周を半回転すると角度は π rad，1 回転すると 2π rad となる．したがって，度表示の角度 1 度は，弧度法の角度では $\pi/180$ rad となる．度表示で表された角度を弧度法の角度に変換するには，まず度表示の角度を度単位で表し，それに $\pi/180$ をかけることで求められる．たとえば，上記の角度 3 度 45 分 30.5 秒を弧度法で表すと，つぎのようになる．

$$\left(3.758472 \times \frac{\pi}{180}\right) \text{rad} = 0.06559772 \text{ rad}$$

- 赤道座標系の赤緯の角度表示

赤緯の角度は度表示なので，上で説明したとおりである．

- 赤道座標系の赤経の角度表示

赤経の角度は時刻表示で表されている．時刻体系は時間と分および秒からなるが，この体系での分は 1 分が 1/60 時間，1 秒が 1/60 分である．したがって，時刻 8 時 25 分 54 秒は

$$\left(8 + \frac{25}{60} + \frac{54}{60 \times 60}\right) 時間 = 8.431667 時間$$

となる．つぎに，時間と角度の関係は，度表示の角度の場合は 24 時間が 360 度であり，弧度法では 24 時間が 2π rad となる．言い換えれば，1 時間が 15 度および $2\pi/24$ rad である．したがって，時刻表示された角度を度表示または弧度法表示に変換するには，まず時刻表示された角度を時間に換算し，それに 15 または $2\pi/24$ をかけることで，それぞれ度表示および弧度法表示での角度に直すことができる．たとえば，時刻表示での角度 8 時 25 分 54 秒は，度表示では

$$(8.431667 \times 15) 度 = 126.475 度$$

弧度法表示では

$$\left(8.431667 \times \frac{2\pi}{24}\right) \text{rad} = 2.207406 \text{ rad}$$

となる．

角度の大きさの表し方には上記のように色々あるが，三角関数などの変数として使われるとき，また円弧の長さと半径の関係を表すときの角度には弧度法表示（rad）を使用しなければならないことに注意しよう．

ギリシャ文字

大文字	小文字	名称	大文字	小文字	名称	大文字	小文字	名称
A	α	アルファ	I	ι	イオタ	P	ρ	ロー
B	β	ベータ	K	κ	カッパ	Σ	σ	シグマ
Γ	γ	ガンマ	Λ	λ	ラムダ	T	τ	タウ
Δ	δ	デルタ	M	μ	ミュー	Υ	υ	ユプシロン
E	ε	イプシロン	N	ν	ニュー	Φ	ϕ	ファイ
Z	ζ	ジータ	Ξ	ξ	グザイ	X	χ	カイ
H	η	イータ	O	o	オミクロン	Ψ	ψ	プサイ
Θ	θ	シータ	Π	π	パイ	Ω	ω	オメガ

あとがき

　読んで知識を得るだけでなく，天体観測も体験できる新しいタイプの天文学のテキストをつくりたい．そんな思いで慶應義塾大学インターネット望遠鏡プロジェクトの仲間たちが原稿をもち寄り，でき上がったのが本書である．しかし，この書物は 8 名の執筆者の努力だけで完成したものではない．本書に記載されている観測事例の実践・改良には，多くの方たちの協力があった．とくに秋田県立横手清陵学院高校・山形県立鶴岡南高校の生徒さんたちと，慶應義塾ニューヨーク学院の山崎敬夫氏，五藤テレスコープ(株)の近藤弘之氏および秋田大学の成田堅悦氏にはお世話になった．また，森北出版の藤原祐介氏の適切な助言は，本書をまとめるうえで大きな力となった．これらの方々には心からお礼を申し上げたい．

　ルネサンスの代表的文化人レオナルド・ダ・ヴィンチは経験と感覚を重視し，そこから自然を学ぶことの重要性を説いた．また，慶應義塾大学の創始者である福沢諭吉は，欧米文化の基礎には物理学を中心とした自然科学があることを見抜き，その導入のために明治元年「訓蒙窮理図解」を出版し，当時の青少年の科学教育の育成をめざした．そのなかでは，日食や月食など天文現象に関する説明もなされている．慶應義塾大学インターネット望遠鏡プロジェクトの web ページには望遠鏡の図を載せているが，これは「訓蒙窮理図解」から転載したものである．

　本書はとてもささやかなものであるが，天文学への興味喚起と，体験を重視した科学教育の定着に向けて，新たな風を巻き起こす一助となれば，著者としてこれに勝る喜びはない．寛容な読者の皆さんがその点を理解してくださることを心から期待している．

　本プロジェクトは，2011 年からは慶應義塾大学自然科学研究教育センターのプロジェクトとして，組織面およびシンポジウム開催などでいろいろな支援をいただいている．最後になるが，ここで慶應義塾大学および慶應義塾大学自然科学研究センターからいただいたプロジェクト推進に向けての温かいご協力に心から感謝申し上げたい．

著者を代表して
秋田大学教授　上田晴彦

さくいん

英数

- 2体系 ……………………… 26
- AAA 天体 ………………… 35
- HI ガス雲 ………………… 72
- HI 領域 …………………… 72
- HR 図 ……………………… 68
- Hα線 ……………………… 47
- Ia 型超新星 ……………… 66
- IC …………………………… 75
- NGC ………………………… 75
- PDM 法 …………………… 141
- RW Cas …………………… 140
- T タウリ型星 …………… 73
- UTC ………………………… 99
- X 線望遠鏡 ………………… 3
- γ 線望遠鏡 ………………… 3

あ行

- アインシュタイン ………… 4
- アダムズ ………………… 30
- アテン群 ………………… 35
- アナレンマ ……………… 19
- アポロ群 ………………… 35
- 天の川銀河 ……………… 80
- アモール群 ……………… 35
- アリスタルコス ………… 44
- アルゴル型 ……………… 137
- アルマゲスト …………… 62
- 暗黒星雲 ……………… 73,76
- 安山岩 …………………… 11
- アンドロメダ大銀河 …… 74
- イオ ……………………… 39
- イオンテイル …………… 37
- 一般相対性理論 ……… 4,83
- ウィリアム・ハーシェル … 75
- ウィルソン ……………… 86
- ウィーンの変位則 ……… 67
- 渦巻銀河 ………………… 81
- 宇宙進化 ………………… 83
- 宇宙の距離はしご ……… 44
- 宇宙背景放射 ………… 3,86
- 宇宙膨張 ………………… 83
- エウロパ ……………… 21,39
- エックス線 ………………… 3

- エッジワース・カイパーベルト … 36
- エッジワース・カイパーベルト天体 ………………………… 36
- エラトステネス ………… 11
- 遠日点 …………………… 16
- オリオン大星雲 ………… 74
- オールトの雲 …………… 38
- オーロラ ………………… 55

か行

- 海王星 …………………… 29
- 皆既日食 ………………… 56
- カウント ………………… 113
- 核 ………………………… 11
- 核光度 …………………… 113
- 核融合反応 ……………… 51
- 下弦 ……………………… 23
- 花崗岩 …………………… 11
- 可視光線 ………………… 3
- 火星 ……………………… 29
- ガニメデ ……………… 22,39
- ガモフ …………………… 85
- カリスト ………………… 39
- ガリレオ ………………… 39
- ガリレオ衛星 ……… 22,30,38
- ガンマ線 ………………… 3
- かんらん岩 ……………… 11
- 基線 ……………………… 64
- 軌道要素 ………………… 37
- 輝面比 …………………… 102
- 球状星団 ………………… 78
- 銀河 ……………………… 80
- 銀河円盤 ………………… 81
- 銀河核 …………………… 83
- 銀河系 …………………… 80
- 銀河団 …………………… 82
- 金環日食 ………………… 56
- 均時差 …………………… 19
- 近日点 …………………… 16
- 金星 ……………………… 28
- 近地点 …………………… 26
- 近点月 …………………… 25
- クエーサー ……………… 83
- 屈折式天体望遠鏡 ……… 48

- グーテンベルク不連続面 … 11
- グリニッジ天文台 ……… 61
- クレーター ……………… 22
- 慶應義塾大学インターネット望遠鏡 … 5
- 系外銀河 ………………… 81
- 月相 ……………………… 24
- ケプラー ………………… 32
- ケプラーの法則 ………… 32
- ケレス …………………… 34
- 原始星 …………………… 73
- 原始惑星系円盤 ………… 73
- 玄武岩 …………………… 11
- 紅炎 ……………………… 48
- 光学天文学 ……………… 3
- 光学望遠鏡 ……………… 3
- 光球 ……………………… 48
- 恒星月 …………………… 24
- 恒星日 …………………… 16
- 恒星年 …………………… 17
- 恒星風 …………………… 73
- 降着円盤 ………………… 73
- 交点月 …………………… 26
- 公転周期 ………………… 16
- 黄道 …………………… 17,56
- 黄道 12 星座 …………… 61
- 黄道傾斜角 ……………… 62
- 光度曲線 ………………… 138
- 光年 ……………………… 65
- 黒点 ……………………… 48
- コロナ …………………… 47
- コロナグラフ …………… 47
- コロナホール …………… 47
- コントロールウィンドウ … 9

さ行

- 歳差運動 ………………… 17
- 最小二乗法 ……………… 109
- 彩層 ……………………… 47
- 最適曲線 ………………… 108
- 朔望月 …………………… 23
- 散開星団 ………………… 78
- 三角視差 ………………… 64
- 三角法 …………………… 64
- 散光星雲 ………………… 76

さくいん

残差	109
紫外線	3
紫外線望遠鏡	3
磁気嵐	55
子午線	61
視差	64
実視連星	46
質量欠損	51
質量・光度関係	69
ジャイアント・インパクト説	23
周期・光度関係	140
周期彗星	37
重力相互作用	4
重力の法則	37
重力波	4
重力波天文学	4
重力波望遠鏡	4
重力崩壊	71
主系列星	69
ジュノー	35
春分点	17, 62
準惑星	34
上弦	23
昇交点	26
小惑星	35
小惑星帯	35
食変光星	137
ジョン・ハーシェル	75
水星	28
彗星	36
ステータスウィンドウ	9
ステファン・ボルツマン定数	68
ステファン・ボルツマンの法則	68
ステライメージ	113
すばる望遠鏡	4
スペクトル	53
スペクトル型	68
スライド（静止画）ウィンドウ	8
星雲	76
星界の報告	39
星間雲	72
星間物質	72
星座	57
星図ウィンドウ	9
星団	78
赤緯	60
赤外線	3
赤外線望遠鏡	3
赤色巨星	69
赤道座標系	60
赤方偏移	84
赤経	60
絶対等級	63
摂動	26
セファイド変光星	66
セレクタウィンドウ	9
全光度	113
相対性理論	4

た行

太陰暦	23
タイタン	21
ダイナモ理論	11
太陽	43
太陽系	27
太陽系外縁天体	36
太陽系の化石	38
太陽日	16
太陽定数	50
太陽投影板	48
太陽ニュートリノ	52
太陽年	16
太陽風	47, 54
太陽望遠鏡	53
対流層	49
楕円軌道	16
楕円銀河	81
ダークエネルギー	89
ダークマター	80
ダストテイル	37
地殻	11
地球	29
地球型惑星	21, 28
地球近傍小惑星	35
地軸	15
地動説	32
地平座標系	59
中心核	49
中性子星	71
超銀河団	82
超新星の残骸	77
超新星爆発	4, 71
潮汐力	16
ティコ・ブラーエ	32
デリンジャー現象	55
天球	60
天動説	32
天王星	29
天の赤道	60
天の南極	60
天の北極	60
電波天文学	3
電波望遠鏡	3
天文単位	45
電離層	55
動画ウィンドウ	8
等級	62
土星	29
ドレイヤー	75
トレミーの48星座	57

な行

南中	16
肉眼彗星	36
日面緯度	53
日周運動	15
日本標準時	99
ニュートリノ	4
ニュートリノ天文学	4
ニュートン	33
ニュートン力学	34
年周光行差	14
年周視差	14

は行

バイエル	58
白色矮星	69
白道	56
白斑	48
ハーシェル	30
パーセク	65
ハッブル	84
ハッブル宇宙望遠鏡	4, 72
ハッブル定数	84
林忠四郎	73
林フェイズ	73
パルサー	3, 72
バルジ	81
ハレー彗星	36
ハロー	81
パンスターズ彗星	111
万有引力	41
日影曲線	18
非恒星状天体	74
非周期彗星	37
ビッグバンモデル	86
ヒッパルコス	62
標準光源	66
標準星	112
ピンホール効果	56

不規則銀河	82	母惑星	22	弱い相互作用	4
フーコー	13	**ま行**		**ら行**	
フーコーの振り子	13	マウンダー極小期	55	離心率	37
プトレマイオス	62	マカリ	113	リーヴィット	140
フライバイ	37	満月	23	粒状斑	49
フラウンホーファー線	54	マントル	11	量子物理学	4
プラズマ状態	49	見かけの等級	63	リンクルリッジ	28
ブラックホール	71	脈動変光星	138	ルベリエ	30
ブラッドリー	15	ミラ型変光星	138	レーダー光線	44
プランク分布	85	名月記	71	レーマン不連続面	11
フレア	55	メシエ	74	レンズ状銀河	82
プロミネンス	48	メシエカタログ	74	ログアウトウィンドウ	9
分子雲	72	メシエ天体	74	ログインページ	7
分点月	26	メシャン	75	**わ行**	
ベッセル	14	木星	29	矮小銀河	82
ペンジアス	86	木星型惑星	21, 28	惑星状星雲	77
ヘンダーソン	14	モホロビチッチ不連続面	11		
ボイジャー	30	**や行**			
棒渦巻銀河	81	ユリウス通日	138		
放射層	49	ユリウス日	138		
放射年代測定	11				
ポグソン	62				

慶應義塾大学インターネット望遠鏡プロジェクトメンバー（アイウエオ順）

上田晴彦　（秋田大学）
大野義夫　（慶應義塾大学）
小澤祐二　（五藤光学研究所）
表　　實　（慶應義塾大学）
笠原　誠　（五藤テレスコープ）
櫛田淳子　（東海大学）
五藤信隆　（五藤光学研究所）
小林宏充*（慶應義塾大学）　　　*プロジェクト代表
近藤弘之　（五藤テレスコープ）
迫田誠治　（防衛大学校）
鈴木雅晴　（五藤テレスコープ）
瀬々将吏　（秋田県立横手清陵学院高校）
髙橋真聡　（愛知教育大学）
髙橋由昭　（五藤光学研究所）
戸田晃一　（富山県立大学）
中西裕之　（鹿児島大学）
早見　均　（慶應義塾大学）
松本榮次　（西宮市立上ヶ原南小学校）
山腰　哲　（五藤光学研究所）
山本裕樹　（東北公益文科大学）
吉田　宏　（福島県立医科大学）

　編集担当　藤原祐介（森北出版）
　編集責任　上村紗帆・石田昇司（森北出版）
　組　　版　ビーエイト
　印　　刷　丸井工文社
　製　　本　　同

インターネット望遠鏡で観測！　　　© 慶應義塾大学
現代天文学入門　　　　　　　　インターネット望遠鏡プロジェクト　2016
2016年1月22日　第1版第1刷発行　【本書の無断転載を禁ず】
2018年2月9日　第1版第2刷発行

編　　者　慶應義塾大学インターネット望遠鏡プロジェクト
発 行 者　森北博巳
発 行 所　森北出版株式会社
　　　　　東京都千代田区富士見1-4-11（〒102-0071）
　　　　　電話 03-3265-8341／FAX 03-3264-8709
　　　　　http://www.morikita.co.jp/
　　　　　日本書籍出版協会・自然科学書協会　会員
　　　　　JCOPY＜（社）出版者著作権管理機構　委託出版物＞

落丁・乱丁本はお取替えいたします．

Printed in Japan／ISBN978-4-627-27501-0